초등 수학의 기본은 연산력!!

신기한 연산왕

B-2

초2 수준

초등 수학의 기본은 연산력!!

신기한

연산왕

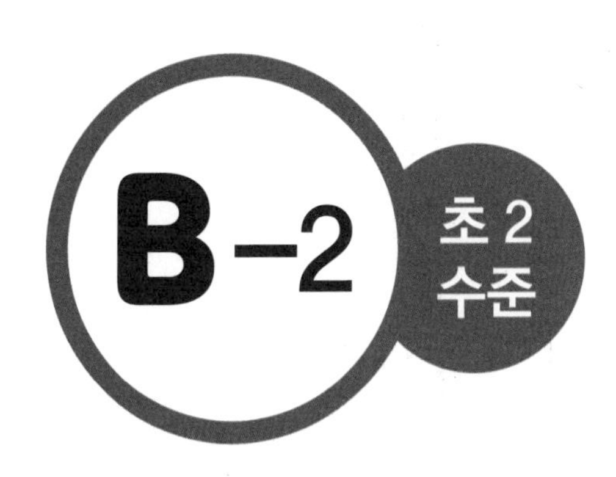

구성과 특징

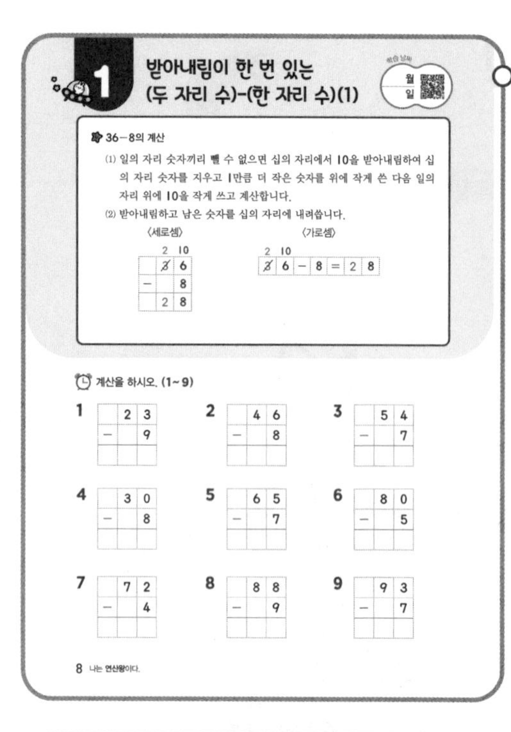

1 받아내림이 한 번 있는 (두 자리 수)-(한 자리 수)(1)

학습 날짜 월 일

36－8의 계산

(1) 일의 자리 숫자끼리 뺄 수 없으면 십의 자리에서 10을 받아내림하여 십의 자리 숫자를 지우고 1만큼 더 작은 숫자를 위에 작게 쓴 다음 일의 자리 위에 10을 작게 쓰고 계산합니다.

(2) 받아내림하고 남은 숫자를 십의 자리에 내려씁니다.

〈세로셈〉 〈가로셈〉

$\overset{2}{\cancel{3}}\overset{10}{6} - 8 = 28$

계산을 하시오. (1~9)

1. 23 − 9
2. 46 − 8
3. 54 − 7
4. 30 − 8
5. 65 − 7
6. 80 − 5
7. 72 − 4
8. 88 − 9
9. 93 − 7

8 나는 연산왕이다.

원리+익힘

연산의 원리를 쉽게 이해하고 빠르고 정확한 계산 능력을 얻을 수 있도록 구성하였습니다.

신기한 연산

연산 능력과 창의사고력 향상이 동시에 이루어질 수 있는 문제로 구성하여 계산 능력과 창의사고력이 저절로 향상될 수 있도록 구성하였습니다.

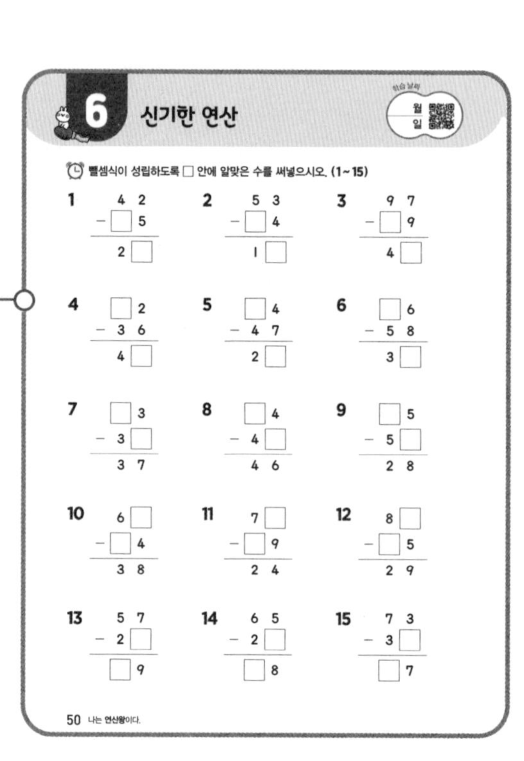

6 신기한 연산

학습 날짜 월 일

뺄셈식이 성립하도록 □ 안에 알맞은 수를 써넣으시오. (1~15)

1. 42 − □5 = 2□
2. 53 − □4 = 1□
3. 97 − □9 = 4□
4. □2 − 36 = 4□
5. □4 − 47 = 2□
6. □6 − 58 = 3□
7. □3 − 3□ = 37
8. □4 − 4□ = 46
9. □5 − 5□ = 28
10. 6□ − □4 = 38
11. 7□ − □9 = 24
12. 8□ − □5 = 29
13. 57 − 2□ = □9
14. 65 − 2□ = □8
15. 73 − 3□ = □7

50 나는 연산왕이다.

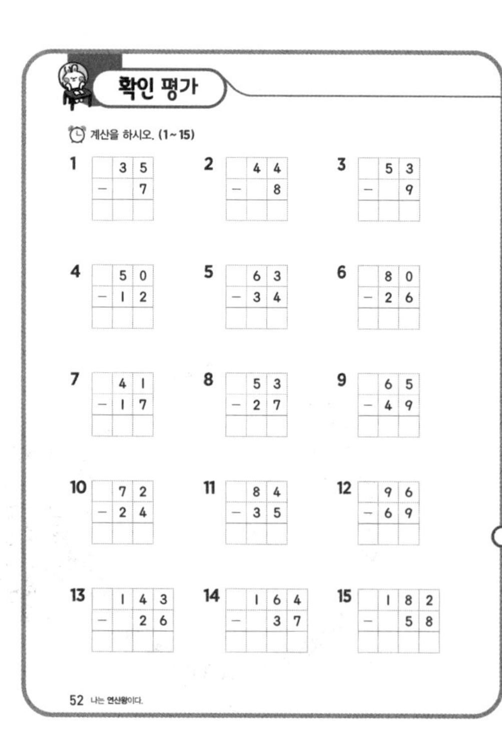

확인 평가

계산을 하시오. (1~15)

1. 35 − 7
2. 44 − 8
3. 53 − 9
4. 50 − 12
5. 63 − 34
6. 80 − 26
7. 41 − 17
8. 53 − 27
9. 65 − 49
10. 72 − 24
11. 84 − 35
12. 96 − 69
13. 143 − 26
14. 164 − 37
15. 182 − 58

52 나는 연산왕이다.

확인평가

단원을 마무리하면서 익힌 내용을 평가하여 자신의 실력을 알아볼 수 있도록 구성하였습니다.

크라운 온라인 평가는?

단원별 학습한 내용을 올바르게 학습하였는지 실시간 점검할 수 있는 온라인 평가 입니다.

- 온라인 평가는 매단원별 25문제로 출제 되었습니다
- 평가 시간은 30분이며 시험 시간이 지나면 문제를 풀 수 없습니다
- 온라인 평가를 통해 100점을 받으시면 크라운 1개를 획득할 수 있습니다.

온라인 평가 방법

1. **에듀왕닷컴 접속** www.eduwang.com — 신규 회원 가입 또는 로그인
2. **메인 상단 메뉴에서 단원평가 클릭** — 닷컴 메인 메뉴에서 단원 평가 클릭
3. **단계 및 단원 선택** — 평가하고자 하는 단계와 단원을 선택
4. **온라인 단원 평가 실시** — 30분 동안 평가 실시
5. **온라인 단원 평가 종료** — 종료 후 실시간 평가 결과 확인
6. **크라운 확인** — 마이페이지에서 크라운 확인 후 크라운 사용

유의사항

- 평가 시작 전 종이와 연필을 준비하시고 인터넷 및 와이파이 신호를 꼭 확인하시기 바랍니다
- 단원평가는 최초 1회에 한하여 크라운이 반영됩니다. (중복 평가 시 크라운 미 반영)
- 각 단원 평가를 통해 100점을 받으시면 크라운 1개를 드리며, 획득하신 크라운으로 에듀왕닷컴에서 판매하고 있는 교재 및 서비스를 무료로 구매 하실 수 있습니다 (크라운 1개 - 1,000원)

연산왕 단계별 학습 내용

A-1 (초1수준)
1. 9까지의 수
2. 9까지의 수를 모으고 가르기
3. 덧셈과 뺄셈

A-2 (초1수준)
1. 19까지의 수
2. 50까지의 수
3. 50까지의 수의 덧셈과 뺄셈

A-3 (초1수준)
1. 100까지의 수
2. 덧셈
3. 뺄셈

A-4 (초1수준)
1. 두 자리 수의 혼합 계산
2. 두 수의 덧셈과 뺄셈
3. 세 수의 덧셈과 뺄셈

B-1 (초2수준)
1. 세 자리 수
2. 받아올림이 한 번 있는 덧셈
3. 받아올림이 두 번 있는 덧셈

B-2 (초2수준)
1. 받아내림이 한 번 있는 뺄셈
2. 받아내림이 두 번 있는 뺄셈
3. 덧셈과 뺄셈의 관계

B-3 (초2수준)
1. 네 자리 수
2. 세 자리 수와 두 자리 수의 덧셈과 뺄셈
3. 세 수의 계산

B-4 (초2수준)
1. 곱셈구구
2. 길이의 계산
3. 시각과 시간

C-1 (초3수준)
1. 덧셈과 뺄셈
2. 나눗셈과 곱셈
3. 길이와 시간

C-2 (초3수준)
1. 곱셈과 나눗셈
2. 분수
3. 들이와 무게

D-1 (초4수준)
1. 큰 수
2. 각도
3. 곱셈과 나눗셈

D-1 (초4수준)
1. 분수의 덧셈과 뺄셈
2. 소수의 덧셈과 뺄셈
3. 각도 구하기

E-1 (초5수준)
1. 자연수의 혼합 계산
2. 분수의 덧셈과 뺄셈
3. 다각형의 둘레와 넓이

E-2 (초5수준)
1. 수의 범위와 어림하기
2. 분수의 곱셈
3. 소수의 곱셈

F-1 (초6수준)
1. 분수의 나눗셈
2. 소수의 나눗셈
3. 직육면체의 부피와 겉넓이

F-2 (초6수준)
1. 분수와 소수의 나눗셈
2. 비와 비율, 비례식과 비례배분
3. 원의 넓이

차례

1

받아내림이 한 번 있는 뺄셈

1 받아내림이 한 번 있는 (두 자리 수)-(한 자리 수)(1)

36－8의 계산

(1) 일의 자리 숫자끼리 뺄 수 없으면 십의 자리에서 10을 받아내림하여 십의 자리 숫자를 지우고 1만큼 더 작은 숫자를 위에 작게 쓴 다음 일의 자리 위에 10을 작게 쓰고 계산합니다.

(2) 받아내림하고 남은 숫자를 십의 자리에 내려씁니다.

〈세로셈〉

	2	10
	~~3~~	6
－		8
	2	8

〈가로셈〉

$\overset{2}{\cancel{3}}\overset{10}{6} - 8 = 28$

계산을 하시오. (1~9)

1

	2	3
－		9

2

	4	6
－		8

3

	5	4
－		7

4

	3	0
－		8

5

	6	5
－		7

6

	8	0
－		5

7

	7	2
－		4

8

	8	8
－		9

9

	9	3
－		7

계산은 빠르고 정확하게!

걸린 시간	1~6분	6~9분	9~12분
맞은 개수	22~24개	17~21개	1~16개
평가	참 잘했어요.	잘했어요.	좀더 노력해요.

계산을 하시오. (10 ~ 24)

10
$$\begin{array}{r} 34 \\ -\ \ 7 \\ \hline \end{array}$$

11
$$\begin{array}{r} 23 \\ -\ \ 8 \\ \hline \end{array}$$

12
$$\begin{array}{r} 45 \\ -\ \ 9 \\ \hline \end{array}$$

13
$$\begin{array}{r} 56 \\ -\ \ 8 \\ \hline \end{array}$$

14
$$\begin{array}{r} 63 \\ -\ \ 6 \\ \hline \end{array}$$

15
$$\begin{array}{r} 71 \\ -\ \ 4 \\ \hline \end{array}$$

16
$$\begin{array}{r} 82 \\ -\ \ 8 \\ \hline \end{array}$$

17
$$\begin{array}{r} 46 \\ -\ \ 9 \\ \hline \end{array}$$

18
$$\begin{array}{r} 54 \\ -\ \ 7 \\ \hline \end{array}$$

19
$$\begin{array}{r} 80 \\ -\ \ 2 \\ \hline \end{array}$$

20
$$\begin{array}{r} 44 \\ -\ \ 6 \\ \hline \end{array}$$

21
$$\begin{array}{r} 32 \\ -\ \ 5 \\ \hline \end{array}$$

22
$$\begin{array}{r} 77 \\ -\ \ 8 \\ \hline \end{array}$$

23
$$\begin{array}{r} 91 \\ -\ \ 3 \\ \hline \end{array}$$

24
$$\begin{array}{r} 83 \\ -\ \ 4 \\ \hline \end{array}$$

1 받아내림이 한 번 있는 (두 자리 수)-(한 자리 수)(2)

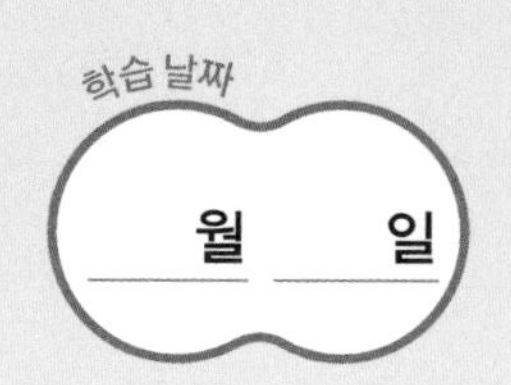

계산을 하시오. (1 ~ 16)

1 2 4 − 9 =

2 3 6 − 7 =

3 5 5 − 8 =

4 4 0 − 5 =

5 6 6 − 8 =

6 7 3 − 7 =

7 4 2 − 7 =

8 5 1 − 6 =

9 7 5 − 9 =

10 8 3 − 8 =

11 9 0 − 9 =

12 6 7 − 8 =

13 3 4 − 8 =

14 6 5 − 6 =

15 7 2 − 4 =

16 8 8 − 9 =

걸린 시간	1~8분	8~12분	12~16분
맞은 개수	29~32개	23~28개	1~22개
평가	참 잘했어요.	잘했어요.	좀더 노력해요.

계산을 하시오. (17 ~ 32)

17 4 5 − 9 = ☐☐

18 5 7 − 8 = ☐☐

19 6 6 − 7 = ☐☐

20 6 4 − 6 = ☐☐

21 3 1 − 4 = ☐☐

22 7 2 − 7 = ☐☐

23 7 3 − 9 = ☐☐

24 8 0 − 6 = ☐☐

25 8 5 − 8 = ☐☐

26 9 1 − 7 = ☐☐

27 5 4 − 9 = ☐☐

28 6 7 − 8 = ☐☐

29 7 4 − 5 = ☐☐

30 8 5 − 7 = ☐☐

31 9 0 − 3 = ☐☐

32 4 1 − 5 = ☐☐

1 받아내림이 한 번 있는 (두 자리 수)-(한 자리 수) (3)

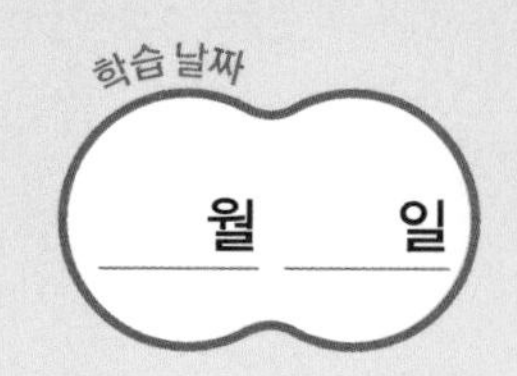

계산을 하시오. (1 ~ 15)

1
$$\begin{array}{r} 24 \\ -\quad 5 \\ \hline \square \end{array}$$

2
$$\begin{array}{r} 35 \\ -\quad 7 \\ \hline \square \end{array}$$

3
$$\begin{array}{r} 46 \\ -\quad 9 \\ \hline \square \end{array}$$

4
$$\begin{array}{r} 52 \\ -\quad 4 \\ \hline \square \end{array}$$

5
$$\begin{array}{r} 63 \\ -\quad 6 \\ \hline \square \end{array}$$

6
$$\begin{array}{r} 74 \\ -\quad 8 \\ \hline \square \end{array}$$

7
$$\begin{array}{r} 85 \\ -\quad 7 \\ \hline \square \end{array}$$

8
$$\begin{array}{r} 96 \\ -\quad 8 \\ \hline \square \end{array}$$

9
$$\begin{array}{r} 66 \\ -\quad 9 \\ \hline \square \end{array}$$

10
$$\begin{array}{r} 73 \\ -\quad 8 \\ \hline \square \end{array}$$

11
$$\begin{array}{r} 84 \\ -\quad 5 \\ \hline \square \end{array}$$

12
$$\begin{array}{r} 95 \\ -\quad 9 \\ \hline \square \end{array}$$

13
$$\begin{array}{r} 37 \\ -\quad 8 \\ \hline \square \end{array}$$

14
$$\begin{array}{r} 43 \\ -\quad 5 \\ \hline \square \end{array}$$

15
$$\begin{array}{r} 50 \\ -\quad 3 \\ \hline \square \end{array}$$

걸린 시간	1~8분	8~12분	12~16분
맞은 개수	29~31개	22~28개	1~21개
평가	참 잘했어요.	잘했어요.	좀더 노력해요.

계산을 하시오. (16 ~ 31)

16 35−9=☐

17 23−5=☐

18 47−9=☐

19 53−4=☐

20 64−6=☐

21 75−8=☐

22 86−7=☐

23 97−8=☐

24 67−9=☐

25 74−8=☐

26 85−6=☐

27 96−9=☐

28 38−9=☐

29 44−7=☐

30 71−8=☐

31 62−4=☐

1 받아내림이 한 번 있는 (두 자리 수)-(한 자리 수) (4)

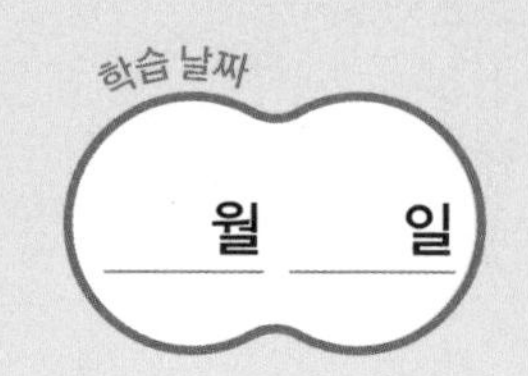

□ 안에 알맞은 수를 써넣으시오. (1~10)

1

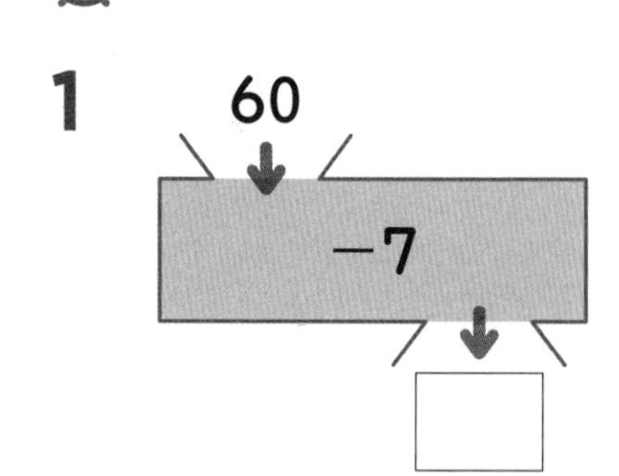

2

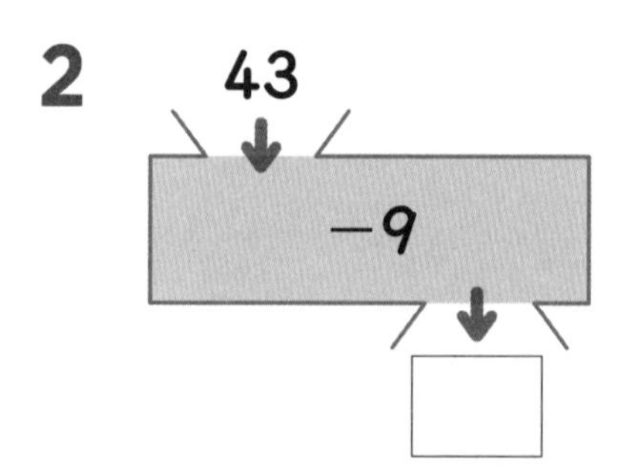

3

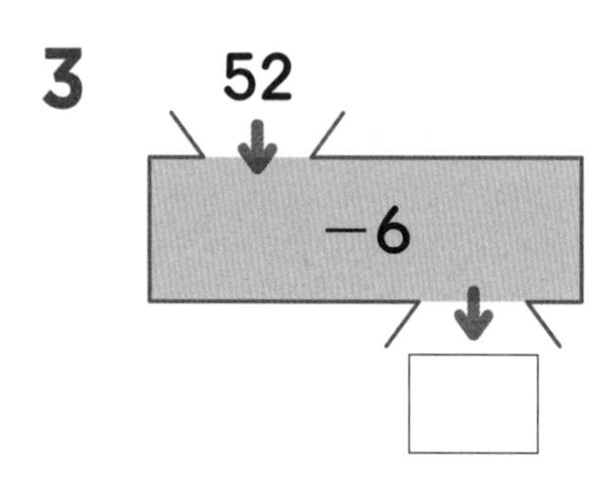

4

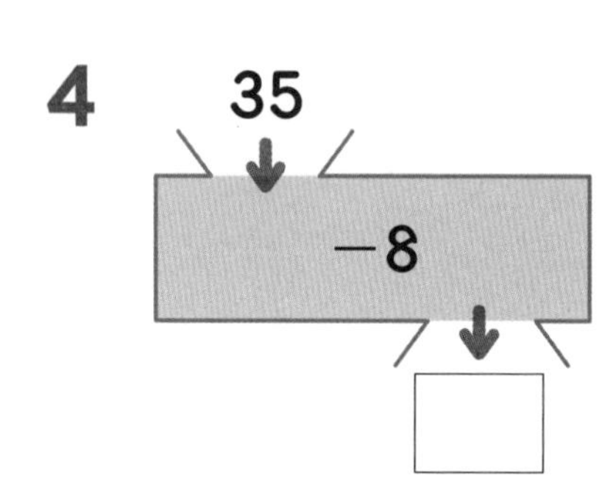

5

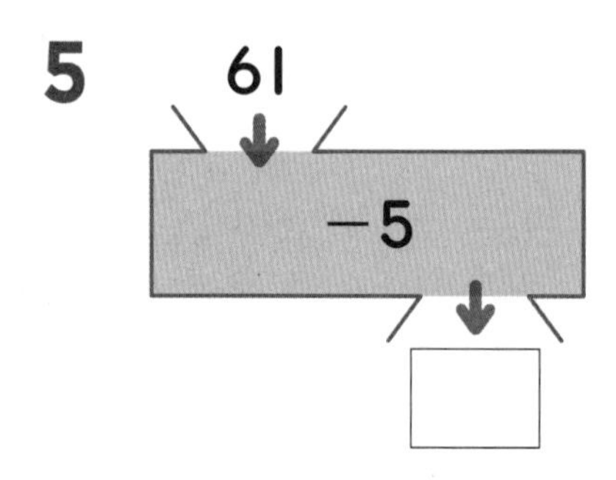

6

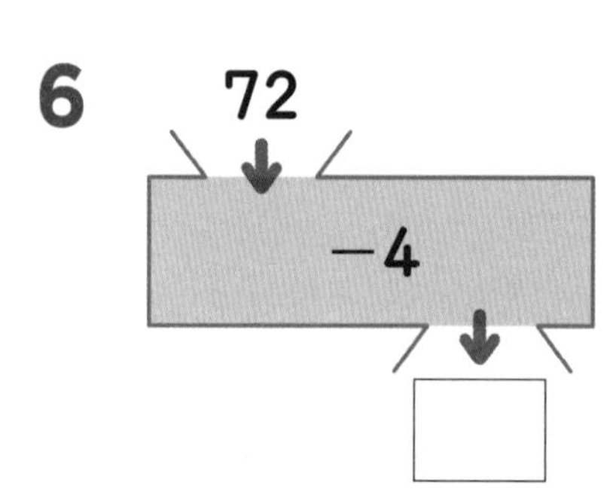

7

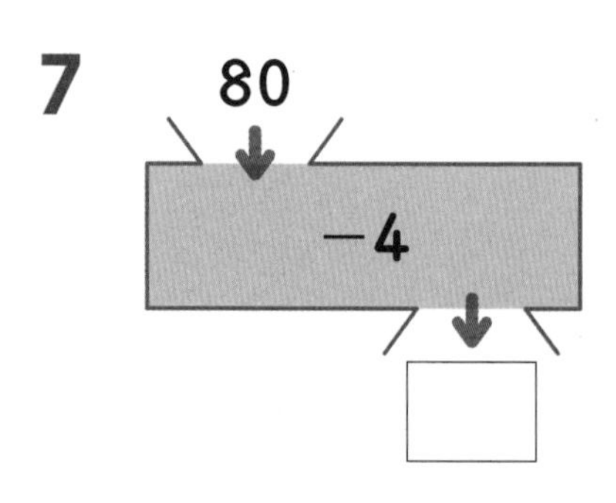

8

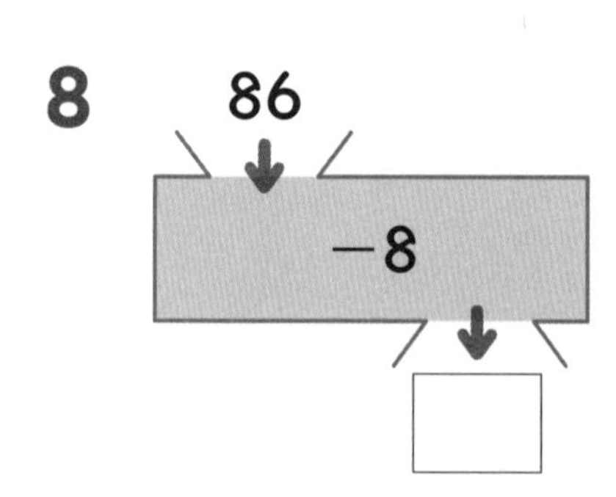

9

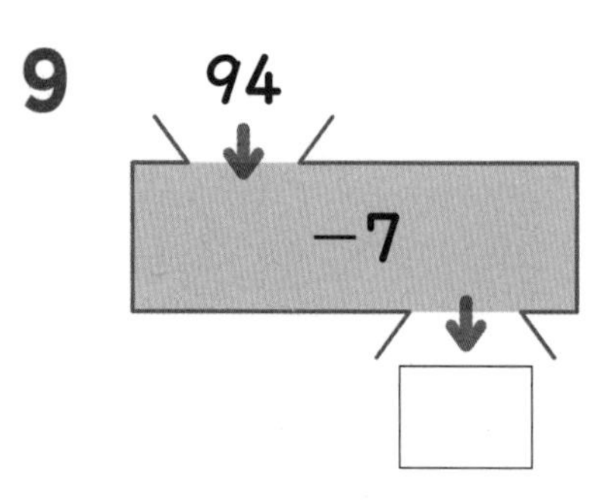

10

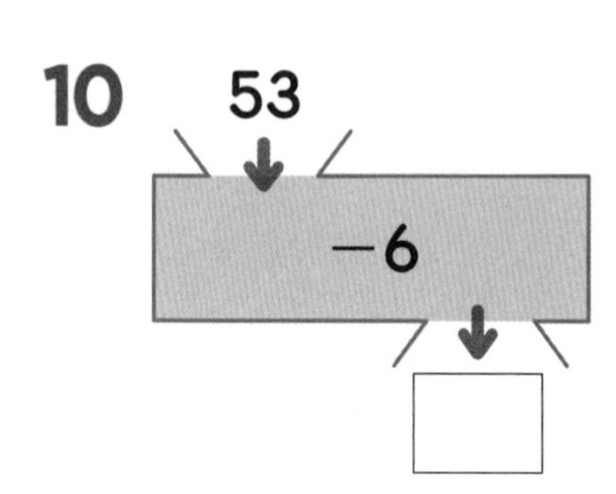

계산은 빠르고 정확하게!

걸린 시간	1~5분	5~8분	8~10분
맞은 개수	18~20개	14~17개	1~13개
평가	참 잘했어요.	잘했어요.	좀더 노력해요.

빈 곳에 알맞은 수를 써넣으시오. (11 ~ 20)

11
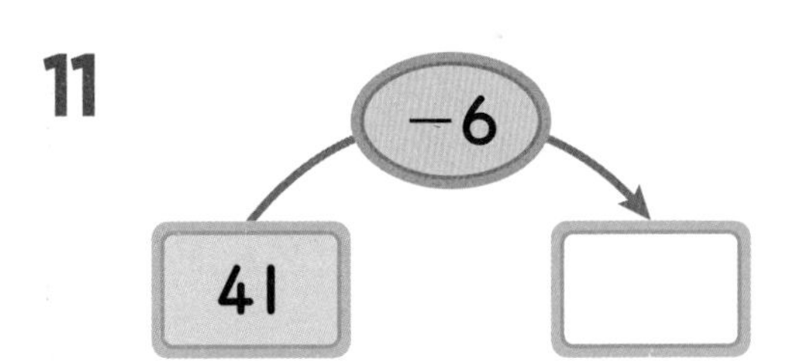

12
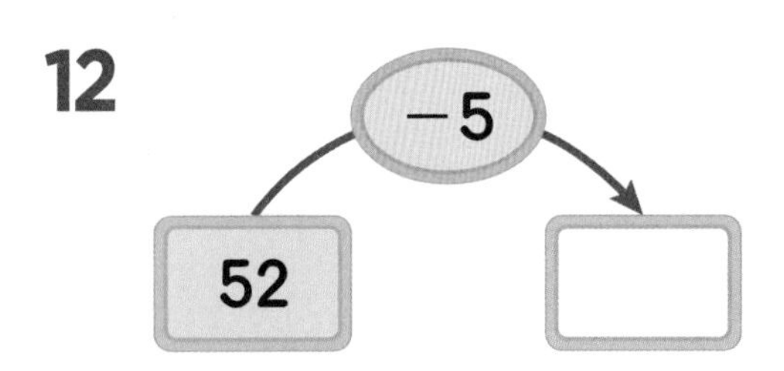

13
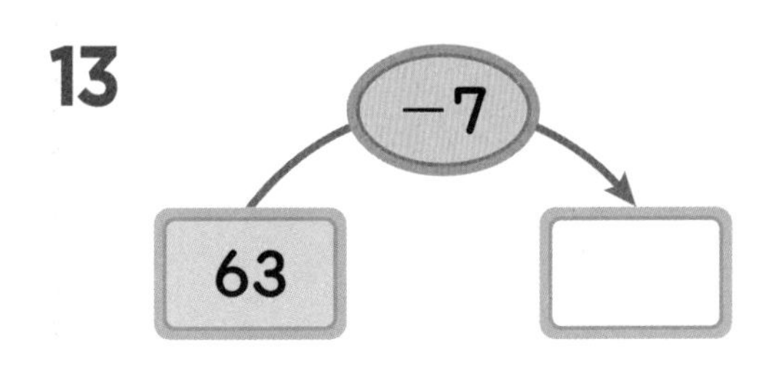

14
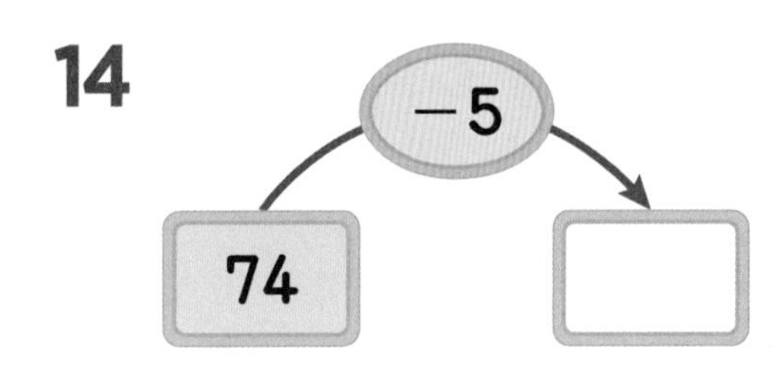

15
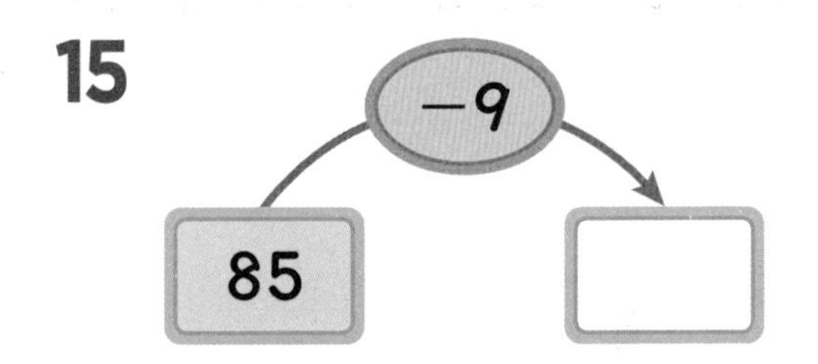

16
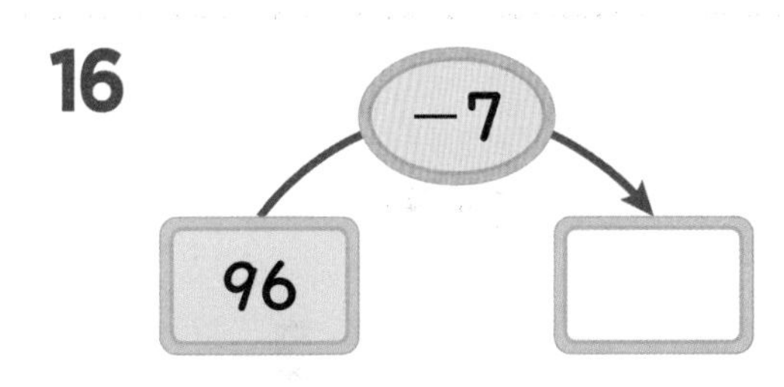

17
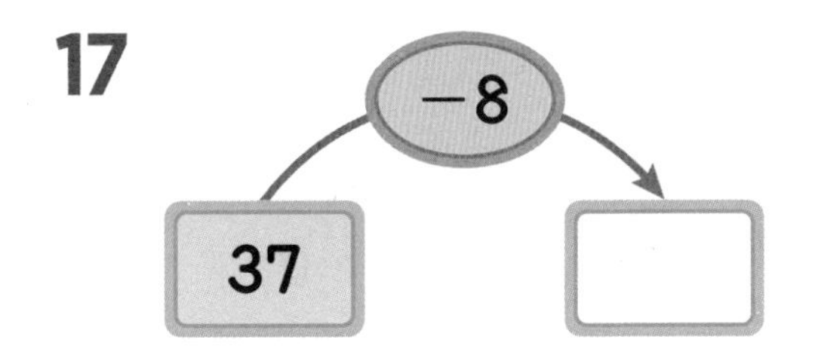

18
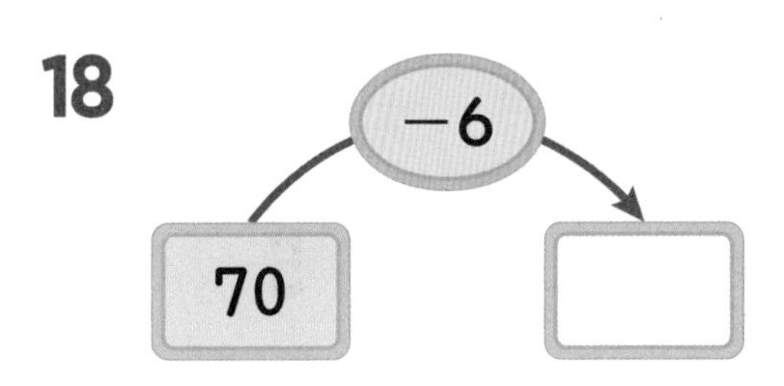

19
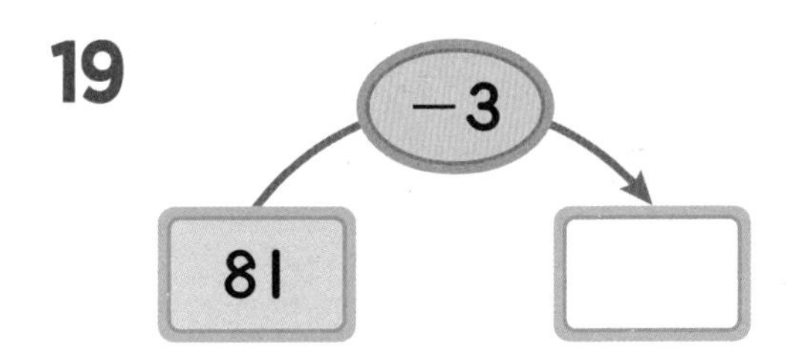

20
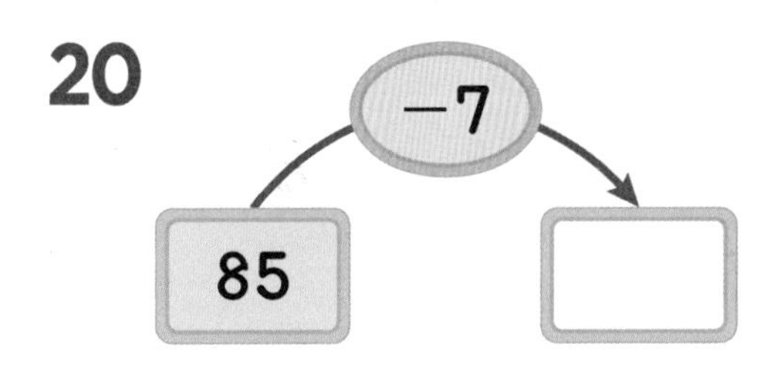

2 받아내림이 한 번 있는 (몇십)-(두 자리 수)(1)

30－14의 계산

(1) 0에서 몇을 뺄 수 없으므로 십의 자리에서 10을 받아내림하여 십의 자리 숫자를 지운 후 1만큼 더 작은 숫자를 위에 쓴 다음, 일의 자리 위에 10을 작게 쓰고 계산합니다.

(2) 받아내림하고 남은 숫자에서 십의 자리 숫자를 뺀 값을 십의 자리에 씁니다.

〈세로셈〉

	2	10
	~~3~~	0
－	1	4
	1	6

〈가로셈〉

2	10						
~~3~~	0	－	1	4	＝	1	6

계산을 하시오. (1~9)

1

	3	0
－	1	6

2

	5	0
－	3	8

3

	7	0
－	4	9

4

	4	0
－	1	3

5

	6	0
－	2	5

6

	8	0
－	3	7

7

	5	0
－	2	4

8

	7	0
－	3	1

9

	9	0
－	4	2

걸린 시간	1~6분	6~9분	9~12분
맞은 개수	22~24개	17~21개	1~16개
평가	참 잘했어요.	잘했어요.	좀더 노력해요.

계산을 하시오. (10 ~ 24)

10

	5	0
−	2	9

11

	8	0
−	3	6

12

	6	0
−	4	8

13

	8	0
−	1	5

14

	3	0
−	1	8

15

	8	0
−	2	7

16

	7	0
−	3	3

17

	5	0
−	2	2

18

	9	0
−	4	9

19

	4	0
−	1	6

20

	7	0
−	2	5

21

	8	0
−	4	1

22

	6	0
−	2	4

23

	5	0
−	1	9

24

	9	0
−	3	2

2 받아내림이 한 번 있는 (몇십)-(두 자리 수)(2)

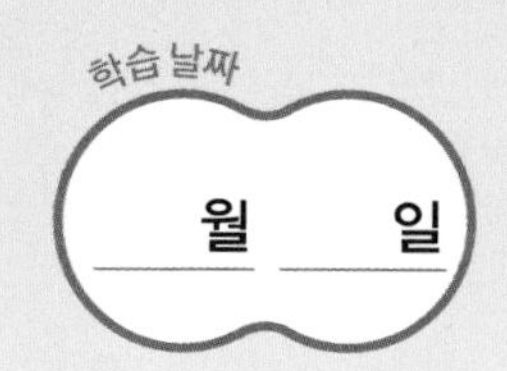

계산을 하시오. (1 ~ 16)

1 $30-14=$

2 $40-17=$

3 $50-23=$

4 $60-25=$

5 $70-32=$

6 $70-36=$

7 $80-51=$

8 $90-48=$

9 $70-24=$

10 $60-16=$

11 $50-35=$

12 $80-29=$

13 $90-31=$

14 $70-12=$

15 $60-49=$

16 $50-28=$

계산은 빠르고 정확하게!

걸린 시간	1~8분	8~12분	12~16분
맞은 개수	29~32개	23~28개	1~22개
평가	참 잘했어요.	잘했어요.	좀더 노력해요.

계산을 하시오. (17 ~ 32)

17 40 − 15 =

18 50 − 18 =

19 60 − 24 =

20 70 − 26 =

21 80 − 33 =

22 80 − 37 =

23 90 − 52 =

24 90 − 49 =

25 70 − 25 =

26 50 − 17 =

27 40 − 26 =

28 70 − 29 =

29 80 − 31 =

30 60 − 13 =

31 90 − 49 =

32 50 − 12 =

2 받아내림이 한 번 있는 (몇십)-(두 자리 수)(3)

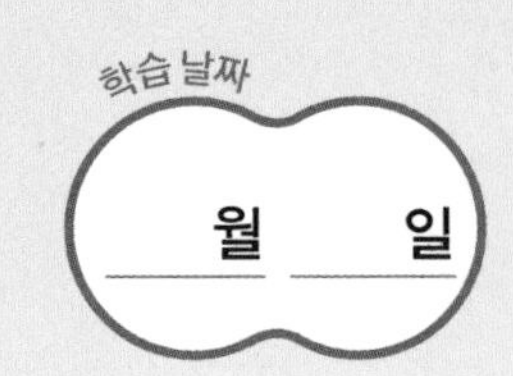

계산을 하시오. (1 ~ 15)

1 $\begin{array}{r} 20 \\ -\ 13 \\ \hline \square \end{array}$

2 $\begin{array}{r} 30 \\ -\ 16 \\ \hline \square \end{array}$

3 $\begin{array}{r} 40 \\ -\ 19 \\ \hline \square \end{array}$

4 $\begin{array}{r} 50 \\ -\ 22 \\ \hline \square \end{array}$

5 $\begin{array}{r} 60 \\ -\ 34 \\ \hline \square \end{array}$

6 $\begin{array}{r} 70 \\ -\ 25 \\ \hline \square \end{array}$

7 $\begin{array}{r} 80 \\ -\ 48 \\ \hline \square \end{array}$

8 $\begin{array}{r} 90 \\ -\ 21 \\ \hline \square \end{array}$

9 $\begin{array}{r} 50 \\ -\ 13 \\ \hline \square \end{array}$

10 $\begin{array}{r} 70 \\ -\ 26 \\ \hline \square \end{array}$

11 $\begin{array}{r} 60 \\ -\ 18 \\ \hline \square \end{array}$

12 $\begin{array}{r} 40 \\ -\ 23 \\ \hline \square \end{array}$

13 $\begin{array}{r} 80 \\ -\ 14 \\ \hline \square \end{array}$

14 $\begin{array}{r} 90 \\ -\ 39 \\ \hline \square \end{array}$

15 $\begin{array}{r} 70 \\ -\ 27 \\ \hline \square \end{array}$

계산은 빠르고 정확하게!

걸린 시간	1~8분	8~12분	12~16분
맞은 개수	29~31개	22~28개	1~21개
평가	참 잘했어요.	잘했어요.	좀더 노력해요.

계산을 하시오. (16 ~ 31)

16 $30-15=\square$

17 $50-21=\square$

18 $40-24=\square$

19 $60-13=\square$

20 $50-14=\square$

21 $70-59=\square$

22 $70-28=\square$

23 $80-12=\square$

24 $60-27=\square$

25 $90-19=\square$

26 $80-31=\square$

27 $50-15=\square$

28 $90-38=\square$

29 $60-48=\square$

30 $70-37=\square$

31 $80-33=\square$

받아내림이 한 번 있는 (몇십)-(두 자리 수)(4)

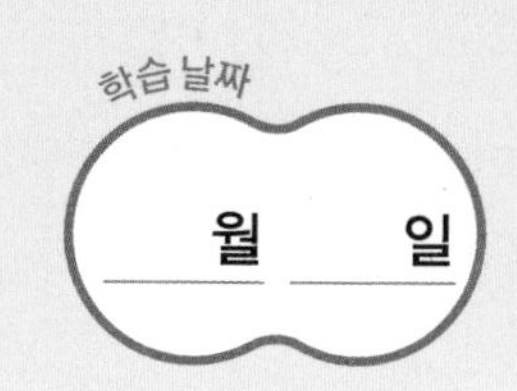

□ 안에 알맞은 수를 써넣으시오. (1~10)

1
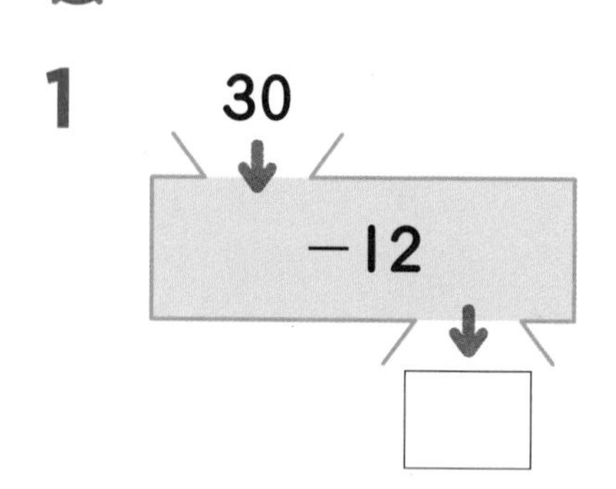

2
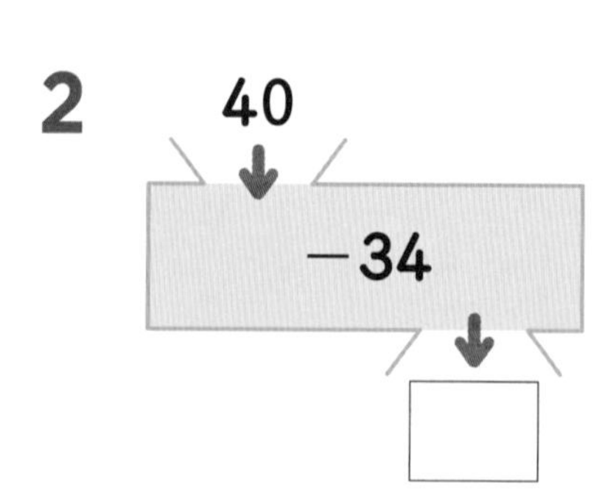

3
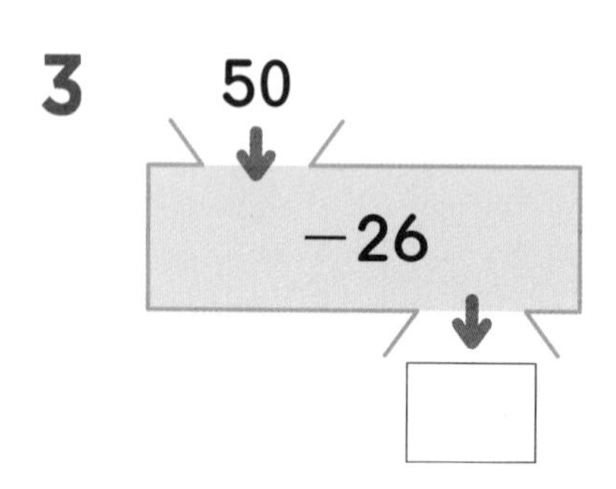

4
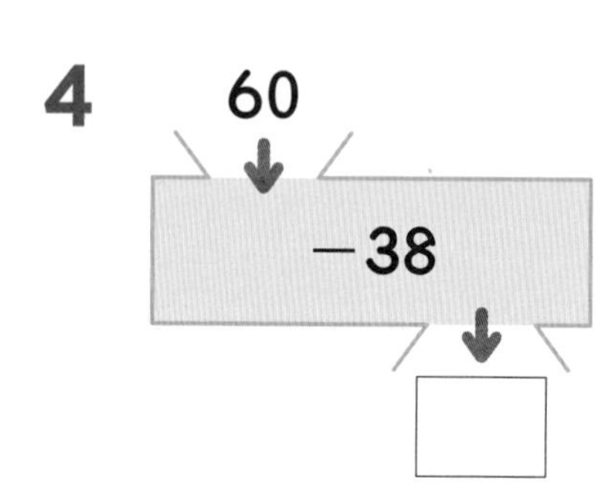

5
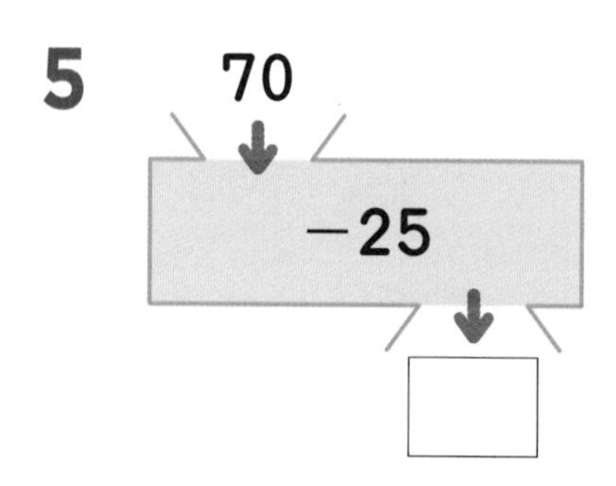

6
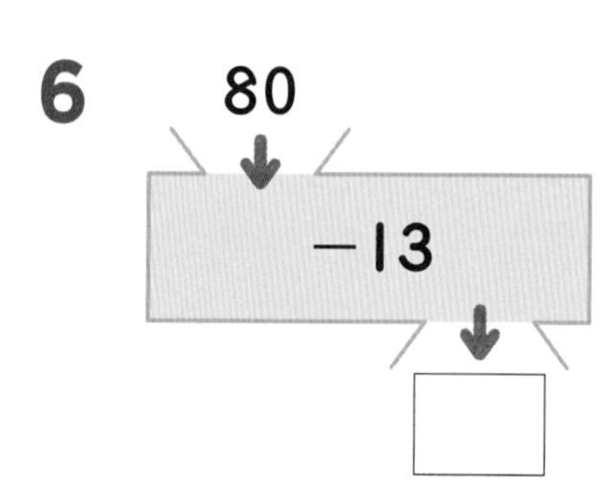

7
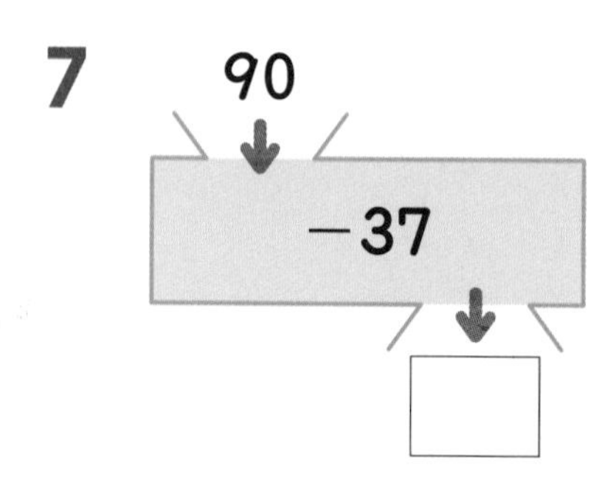

8
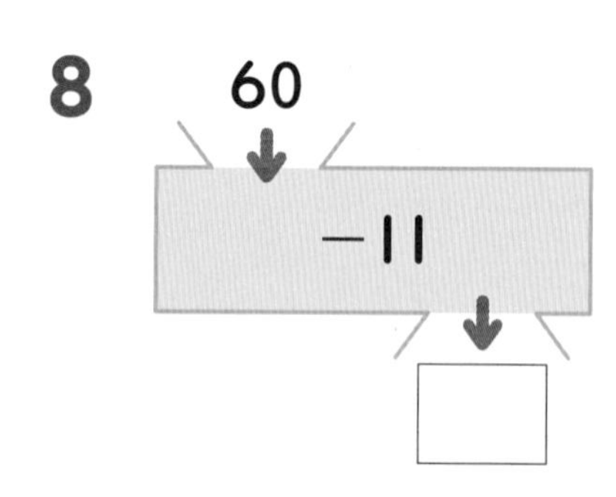

9
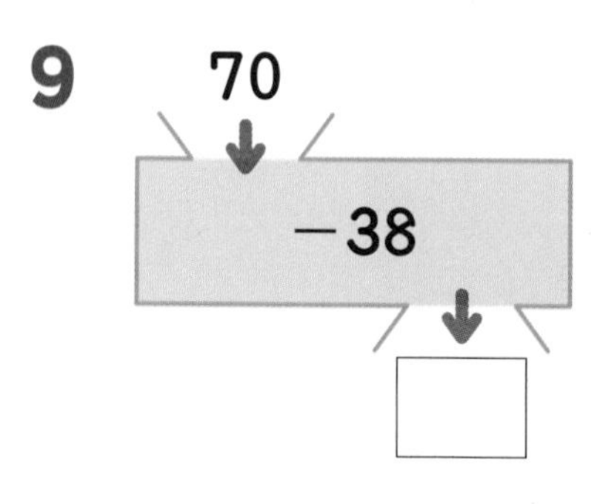

10
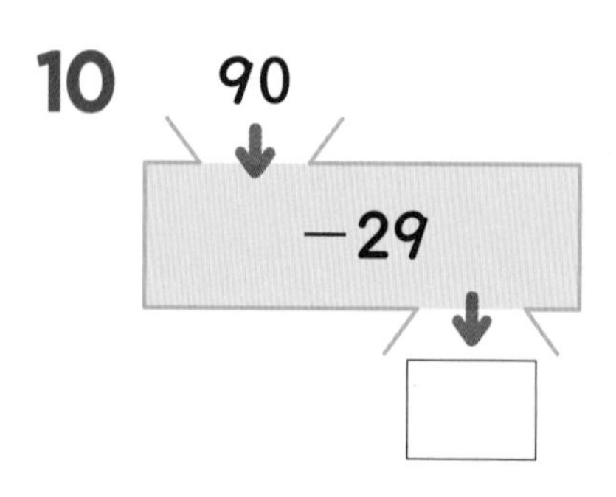

계산은 빠르고 정확하게!

걸린 시간	1~5분	5~8분	8~10분
맞은 개수	18~20개	14~17개	1~13개
평가	참 잘했어요.	잘했어요.	좀더 노력해요.

빈 곳에 알맞은 수를 써넣으시오. (11 ~ 20)

11

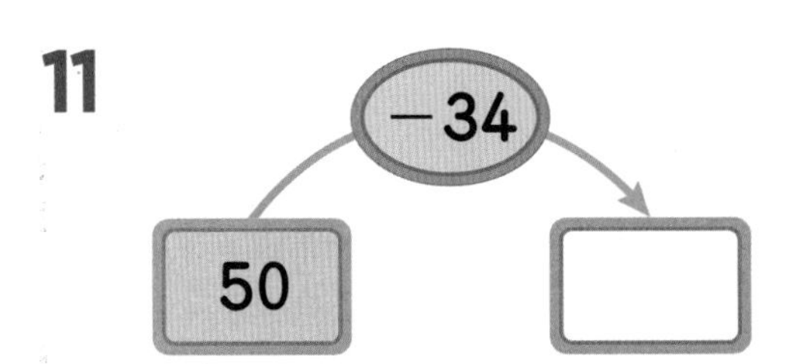

12

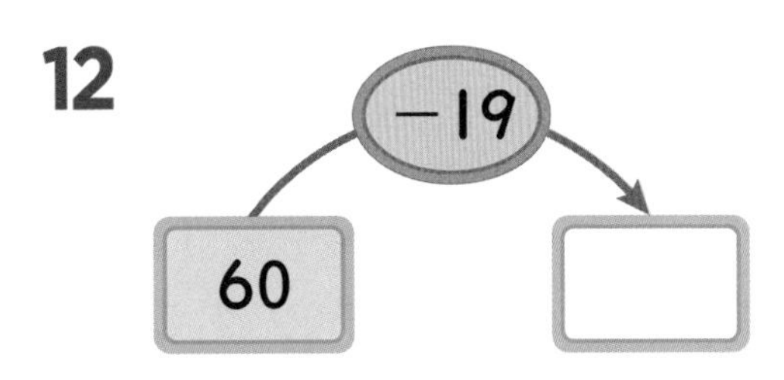

13

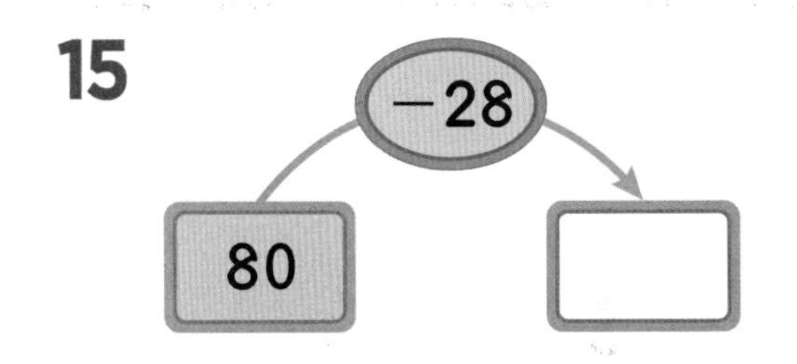

14

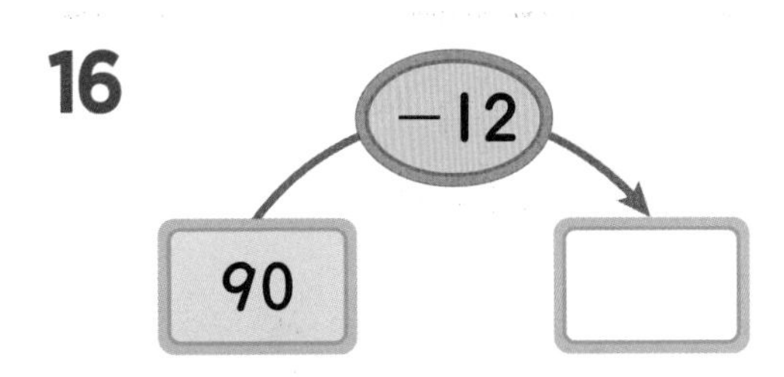

15

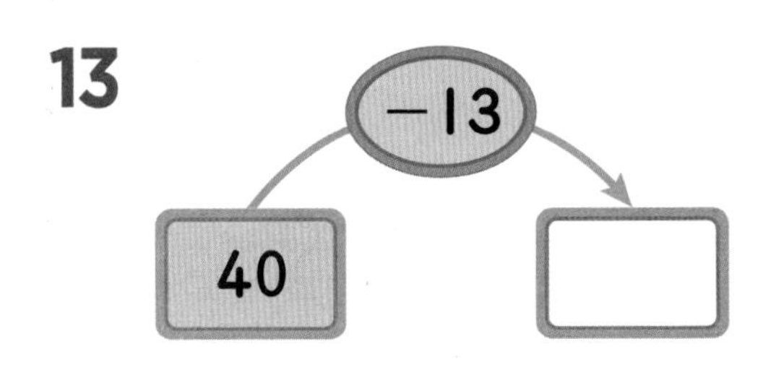

16

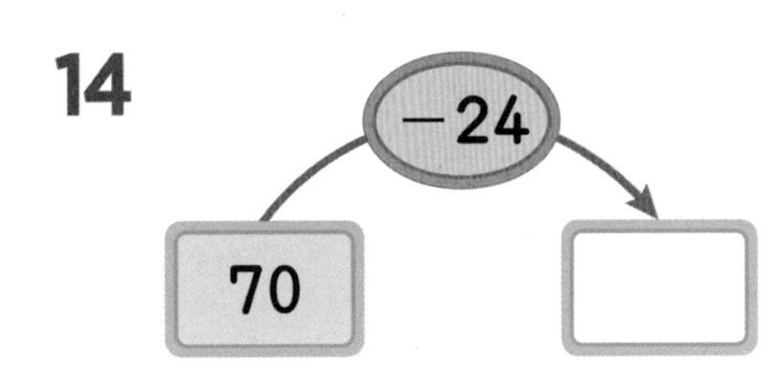

17

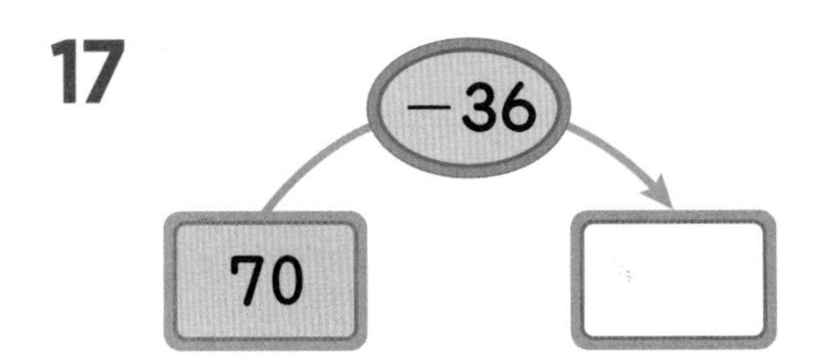

18

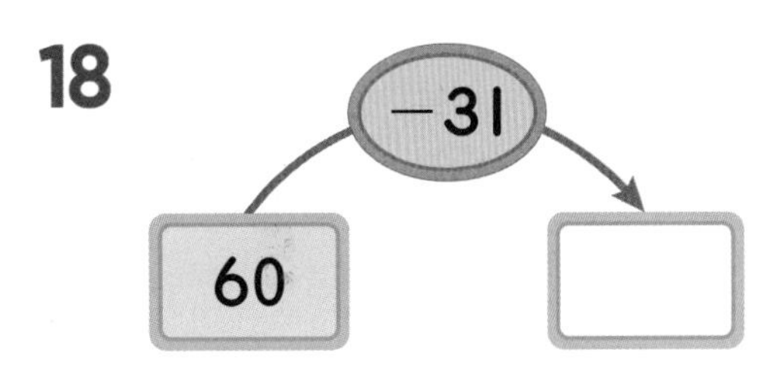

19

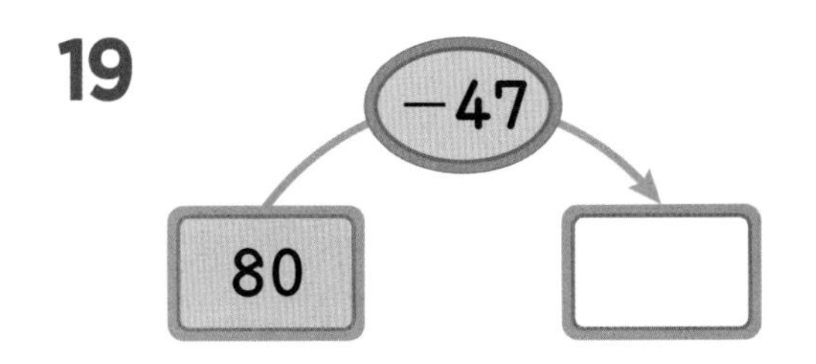

20

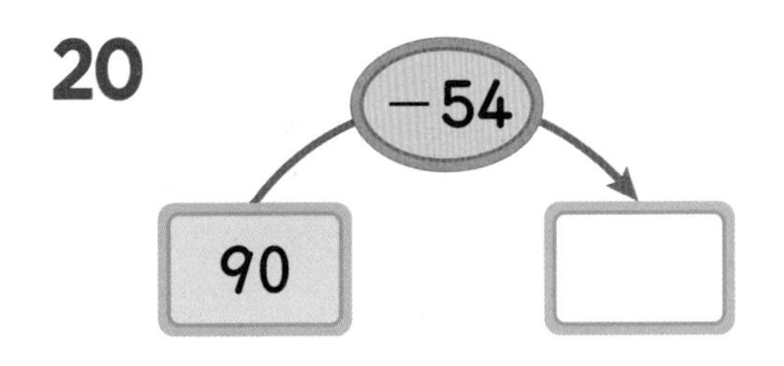

3 받아내림이 한 번 있는 (두 자리 수)-(두 자리 수)(1)

44－26의 계산

(1) 일의 자리 숫자끼리 뺄 수 없으면 십의 자리에서 10을 받아내림하여 십의 자리 숫자를 지우고 1만큼 더 작은 숫자를 위에 작게 쓴 다음 일의 자리 숫자 위에 10을 작게 쓴 후 계산합니다.

(2) 받아내림하고 남은 숫자에서 십의 자리 숫자를 뺀 값을 십의 자리에 씁니다.

〈세로셈〉

	3	10
	~~4~~	4
－	2	6
	1	8

〈가로셈〉

3	10						
~~4~~	4	－	2	6	＝	1	8

계산을 하시오. (1~9)

1

	3	3
－	1	8

2

	4	2
－	2	6

3

	8	5
－	3	8

4

	8	4
－	3	5

5

	8	6
－	4	8

6

	7	3
－	2	7

7

	8	5
－	4	9

8

	9	5
－	4	7

9

	7	4
－	3	6

계산은 빠르고 정확하게!

걸린 시간	1~6분	6~9분	9~12분
맞은 개수	22~24개	17~21개	1~16개
평가	참 잘했어요.	잘했어요.	좀더 노력해요.

계산을 하시오. (10 ~ 24)

10

	2	8
−	1	9

11

	3	5
−	1	6

12

	4	3
−	1	7

13

	6	2
−	2	7

14

	7	6
−	3	8

15

	5	4
−	1	8

16

	7	1
−	2	4

17

	8	7
−	3	9

18

	9	1
−	2	6

19

	5	5
−	1	7

20

	6	3
−	2	6

21

	7	2
−	3	9

22

	4	4
−	1	9

23

	9	6
−	4	7

24

	8	3
−	2	8

3

받아내림이 한 번 있는 (두 자리 수)-(두 자리 수)(2)

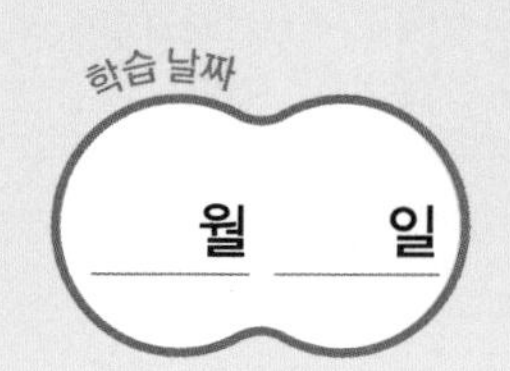

계산을 하시오. (1~16)

1 $42-24=$

2 $53-35=$

3 $64-17=$

4 $77-28=$

5 $31-19=$

6 $86-27=$

7 $97-38=$

8 $41-17=$

9 $56-39=$

10 $65-18=$

11 $76-29=$

12 $48-29=$

13 $52-16=$

14 $73-27=$

15 $83-48=$

16 $95-59=$

걸린 시간	1~8분	8~12분	12~16분
맞은 개수	29~32개	23~28개	1~22개
평가	참 잘했어요.	잘했어요.	좀더 노력해요.

계산을 하시오. (17 ~ 32)

17 $33-16=$

18 $45-17=$

19 $57-28=$

20 $53-29=$

21 $71-14=$

22 $82-15=$

23 $94-29=$

24 $36-18=$

25 $58-39=$

26 $63-37=$

27 $76-28=$

28 $91-15=$

29 $83-27=$

30 $46-19=$

31 $62-28=$

32 $74-25=$

3 받아내림이 한 번 있는 (두 자리 수)-(두 자리 수)(3)

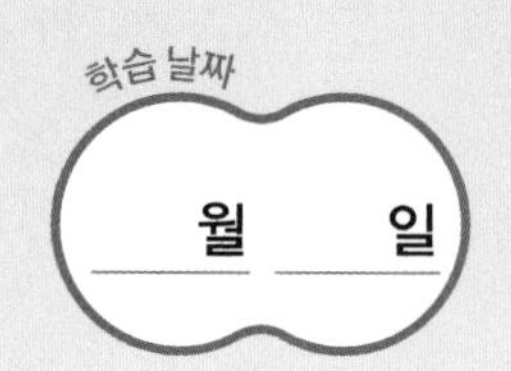

계산을 하시오. (1 ~ 15)

1
$$\begin{array}{r} 27 \\ -\ 19 \\ \hline \square \end{array}$$

2
$$\begin{array}{r} 34 \\ -\ 16 \\ \hline \square \end{array}$$

3
$$\begin{array}{r} 42 \\ -\ 18 \\ \hline \square \end{array}$$

4
$$\begin{array}{r} 61 \\ -\ 27 \\ \hline \square \end{array}$$

5
$$\begin{array}{r} 86 \\ -\ 39 \\ \hline \square \end{array}$$

6
$$\begin{array}{r} 91 \\ -\ 36 \\ \hline \square \end{array}$$

7
$$\begin{array}{r} 72 \\ -\ 24 \\ \hline \square \end{array}$$

8
$$\begin{array}{r} 85 \\ -\ 39 \\ \hline \square \end{array}$$

9
$$\begin{array}{r} 53 \\ -\ 28 \\ \hline \square \end{array}$$

10
$$\begin{array}{r} 54 \\ -\ 17 \\ \hline \square \end{array}$$

11
$$\begin{array}{r} 62 \\ -\ 26 \\ \hline \square \end{array}$$

12
$$\begin{array}{r} 71 \\ -\ 29 \\ \hline \square \end{array}$$

13
$$\begin{array}{r} 43 \\ -\ 19 \\ \hline \square \end{array}$$

14
$$\begin{array}{r} 95 \\ -\ 37 \\ \hline \square \end{array}$$

15
$$\begin{array}{r} 82 \\ -\ 28 \\ \hline \square \end{array}$$

계산은 빠르고 정확하게!

걸린 시간	1~8분	8~12분	12~16분
맞은 개수	29~31개	22~28개	1~21개
평가	참 잘했어요.	잘했어요.	좀더 노력해요.

계산을 하시오. (16 ~ 31)

16 $51-29=\square$

17 $43-17=\square$

18 $62-35=\square$

19 $74-26=\square$

20 $85-16=\square$

21 $93-48=\square$

22 $33-19=\square$

23 $55-37=\square$

24 $71-28=\square$

25 $42-16=\square$

26 $64-27=\square$

27 $75-18=\square$

28 $87-39=\square$

29 $94-36=\square$

30 $52-17=\square$

31 $63-16=\square$

3 받아내림이 한 번 있는 (두 자리 수)-(두 자리 수)(4)

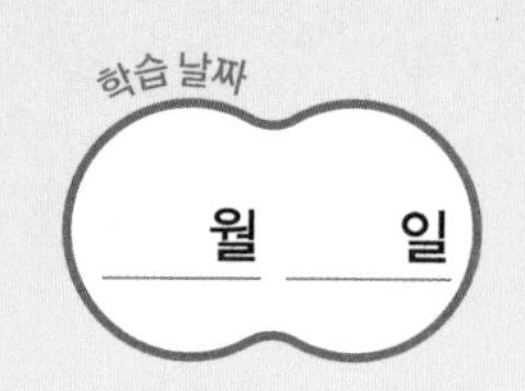

□ 안에 알맞은 수를 써넣으시오. (1~10)

1
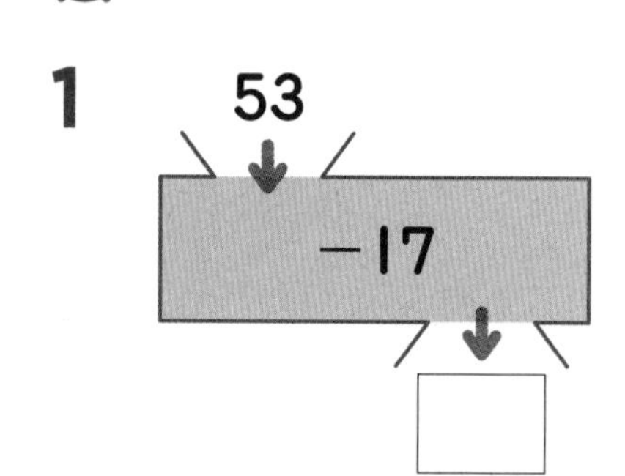

2
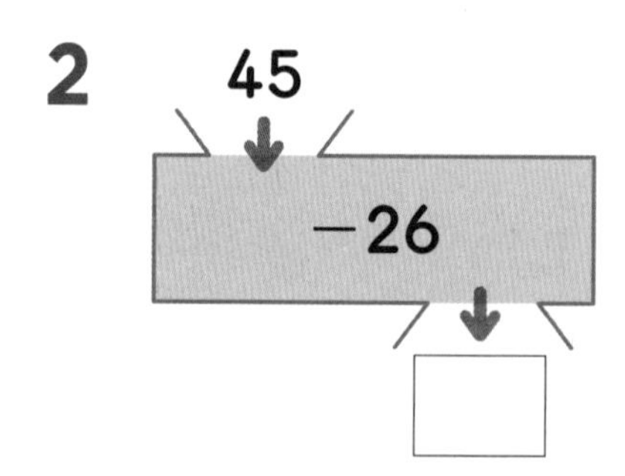

3
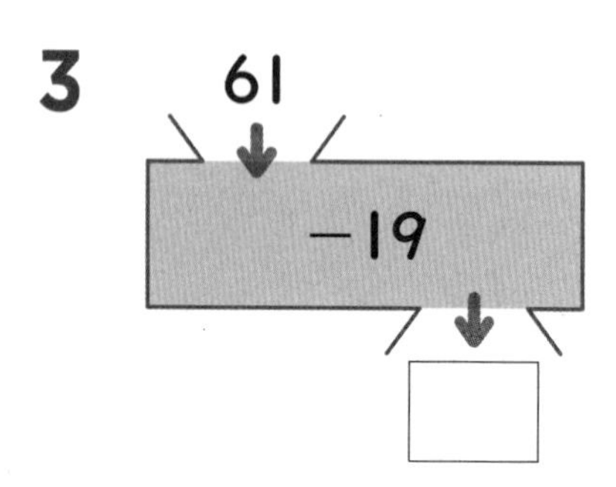

4
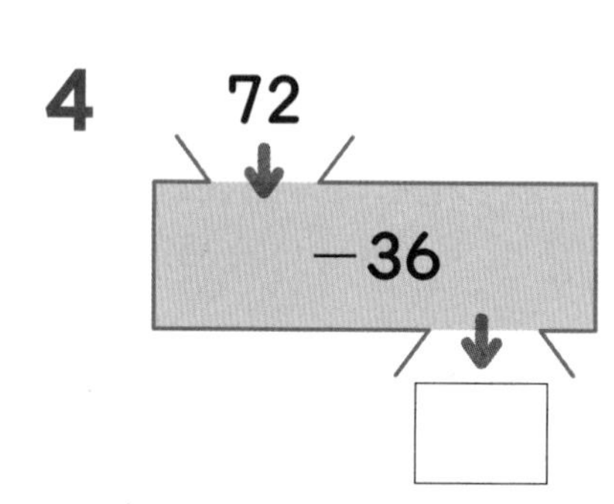

5
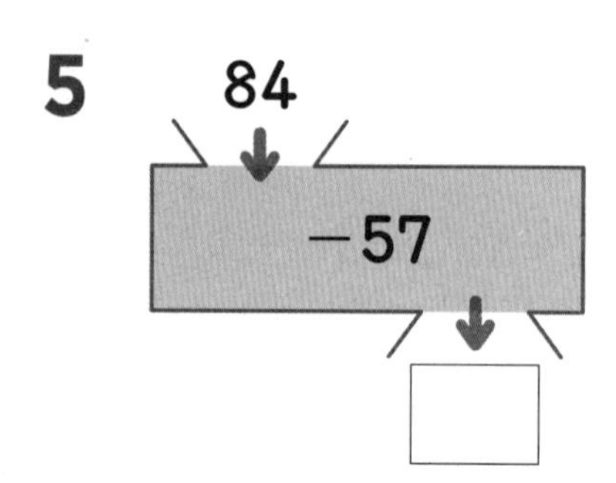

6
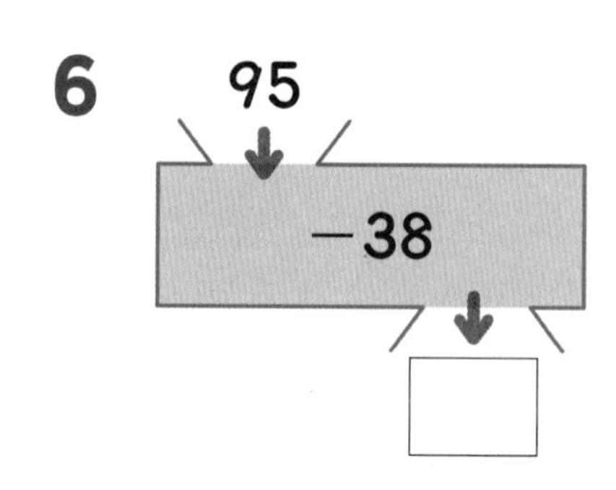

7
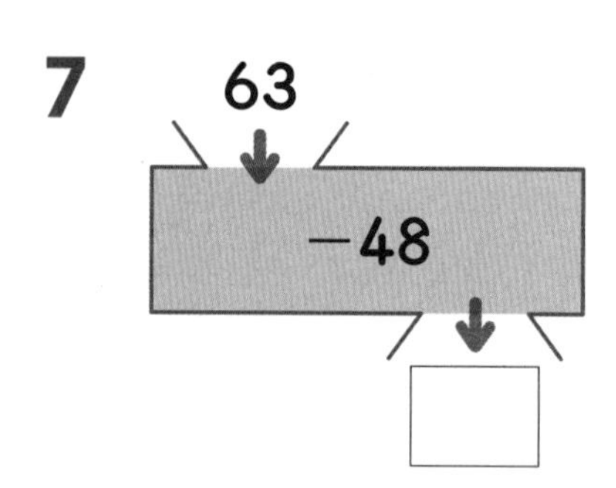

8
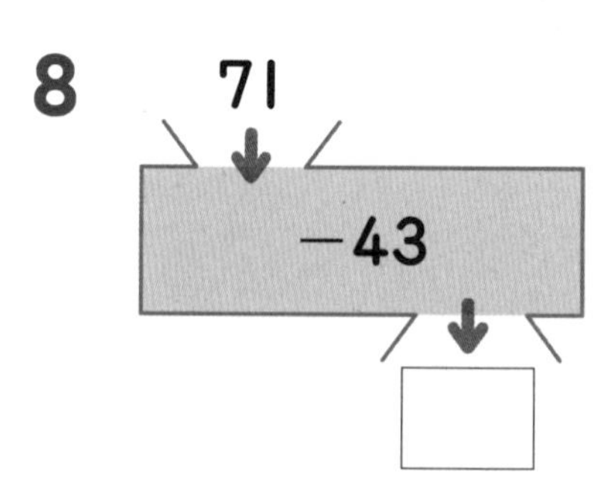

9
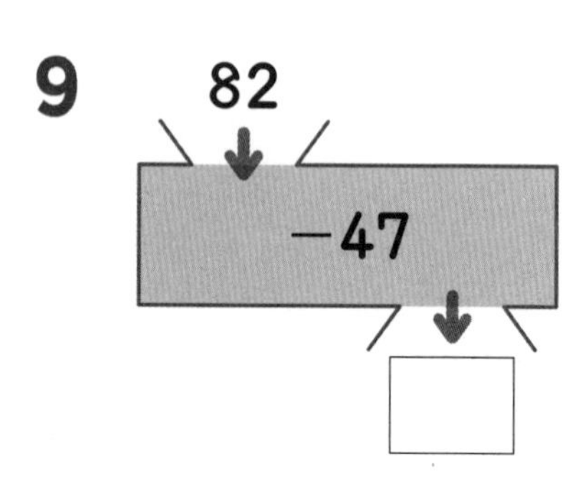

10
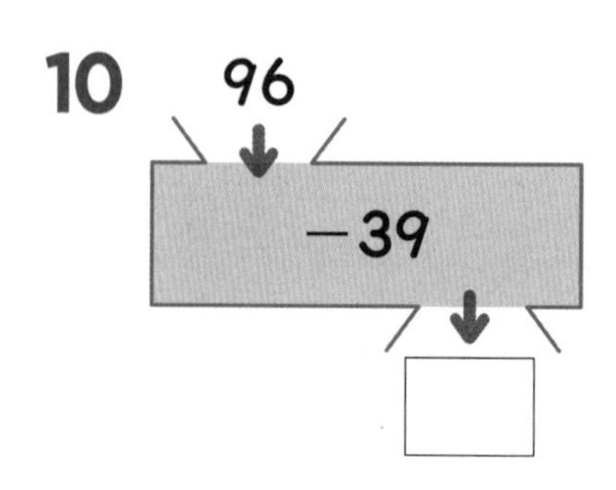

계산은 빠르고 정확하게!

걸린 시간	1~5분	5~8분	8~10분
맞은 개수	18~20개	14~17개	1~13개
평가	참 잘했어요.	잘했어요.	좀더 노력해요.

빈 곳에 알맞은 수를 써넣으시오. (11 ~ 20)

11

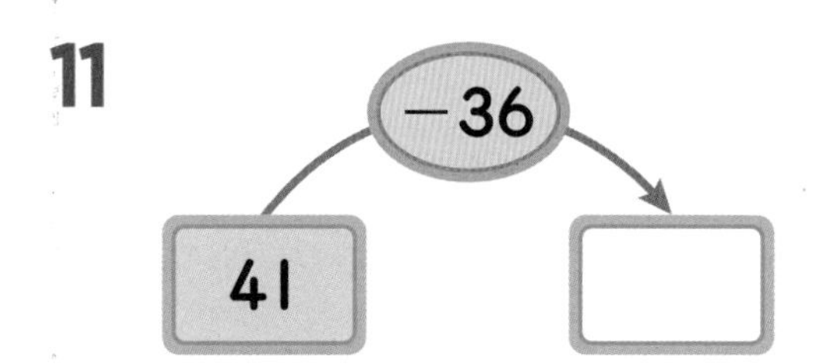

12

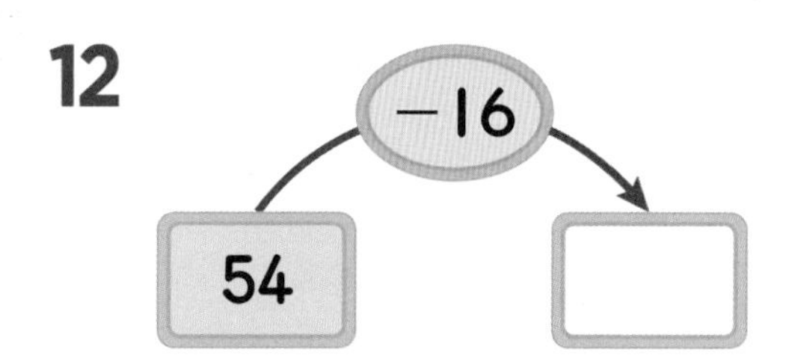

13

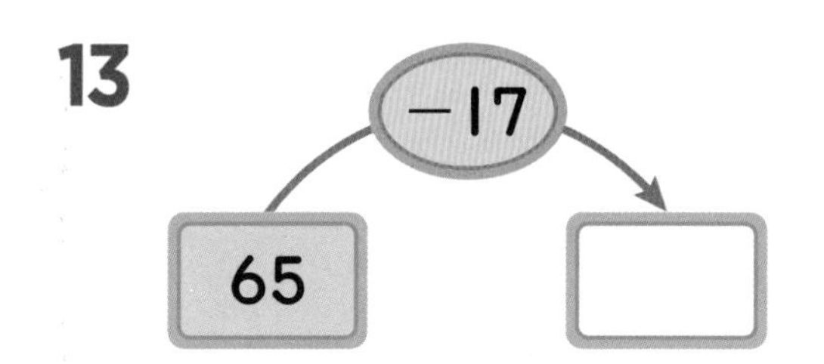

14

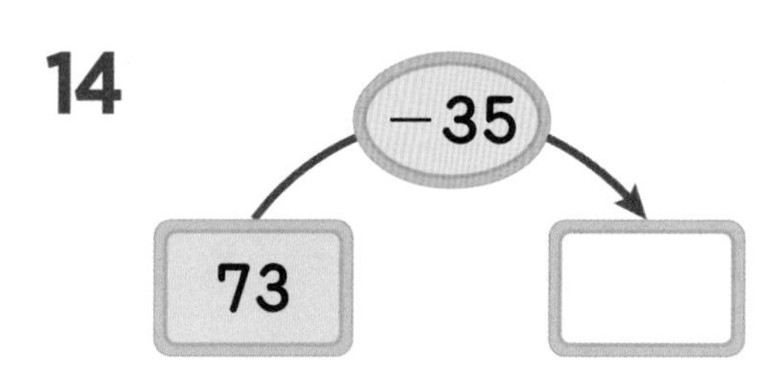

15

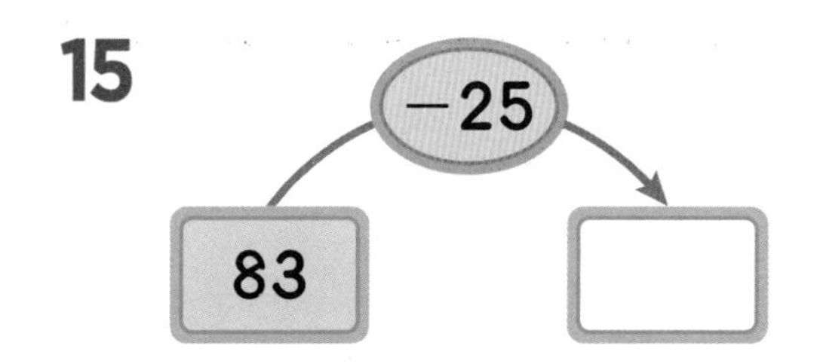

16

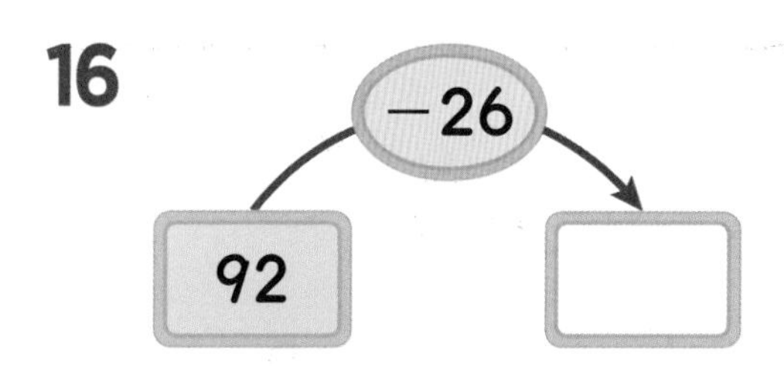

17

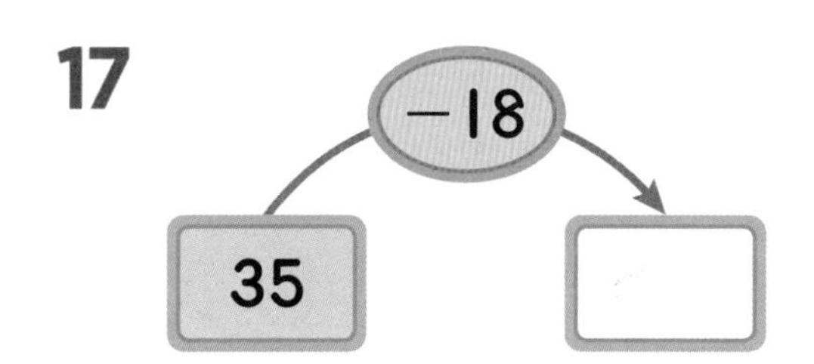

18

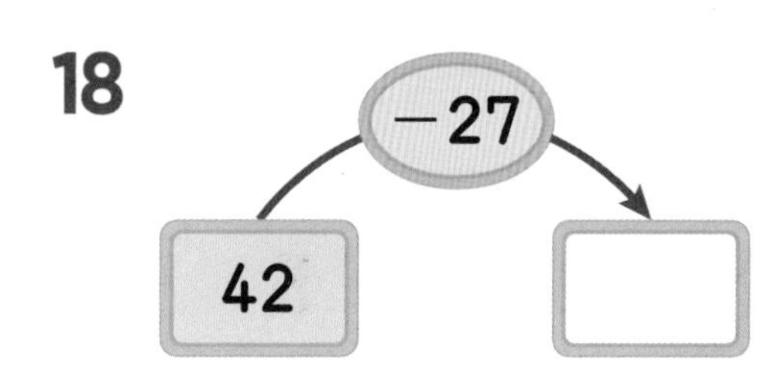

19

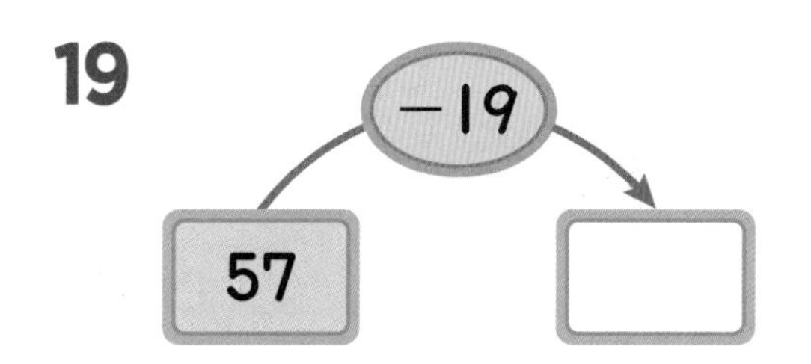

20

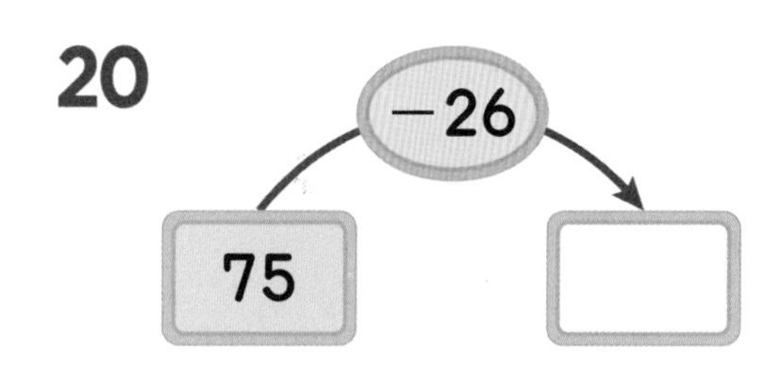

4 백의 자리 숫자가 1인 (세 자리 수)-(두 자리 수)(1)

130－50의 계산

〈세로셈〉

	10		
	~~1~~	3	0
－		5	0
		8	0

〈가로셈〉

10								
~~1~~	3	0	－	5	0	＝	8	0

134－27의 계산

〈세로셈〉

		2	10
	1	~~3~~	4
－		2	7
	1	0	7

〈가로셈〉

	2	10							
1	~~3~~	4	－	2	7	＝	1	0	7

➡ 같은 자리 숫자끼리 뺄 수 없으면 위의 자리에서 10을 받아내림하여 계산합니다.

계산을 하시오. (1~9)

1

	1	1	0
－		3	0

2

	1	2	0
－		5	0

3

	1	3	0
－		7	0

4

	1	4	0
－		9	0

5

	1	5	0
－		6	0

6

	1	6	0
－		8	0

7

	1	2	0
－		6	0

8

	1	3	0
－		8	0

9

	1	5	0
－		9	0

계산은 빠르고 정확하게!

걸린 시간	1~8분	8~12분	12~16분
맞은 개수	22~24개	17~21개	1~16개
평가	참 잘했어요.	잘했어요.	좀더 노력해요.

계산을 하시오. (10 ~ 24)

10

	1	3	2
−		1	6

11

	1	4	3
−		1	8

12

	1	2	4
−		1	7

13

	1	4	1
−		2	5

14

	1	3	4
−		1	9

15

	1	5	5
−		2	7

16

	1	5	6
−		3	9

17

	1	4	4
−		2	5

18

	1	6	6
−		3	8

19

	1	7	3
−		3	5

20

	1	6	2
−		2	7

21

	1	8	7
−		3	9

22

	1	6	5
−		3	8

23

	1	5	3
−		3	7

24

	1	7	6
−		4	9

백의 자리 숫자가 1인 (세 자리 수)-(두 자리 수)(2)

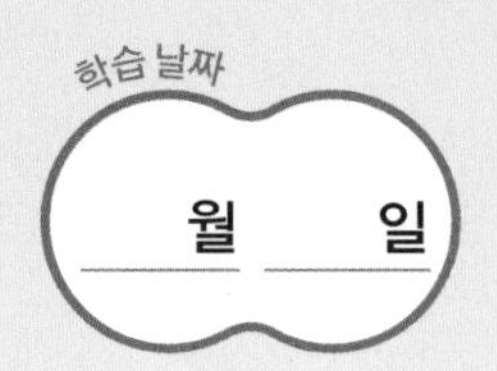

계산을 하시오. (1~16)

1 $110-40=$

2 $120-30=$

3 $130-60=$

4 $140-70=$

5 $150-80=$

6 $120-90=$

7 $120-40=$

8 $130-50=$

9 $140-80=$

10 $120-70=$

11 $160-70=$

12 $170-90=$

13 $130-40=$

14 $140-80=$

15 $150-90=$

16 $120-80=$

계산은 빠르고 정확하게!

걸린 시간	1~8분	8~12분	12~16분
맞은 개수	29~32개	23~28개	1~22개
평가	참 잘했어요.	잘했어요.	좀더 노력해요.

계산을 하시오. (17 ~ 32)

17 $134-18=$

18 $121-15=$

19 $142-23=$

20 $166-38=$

21 $152-28=$

22 $193-57=$

23 $171-35=$

24 $145-18=$

25 $187-59=$

26 $143-19=$

27 $191-16=$

28 $193-44=$

29 $176-38=$

30 $162-47=$

31 $185-27=$

32 $197-48=$

백의 자리 숫자가 1인 (세 자리 수)-(두 자리 수)(3)

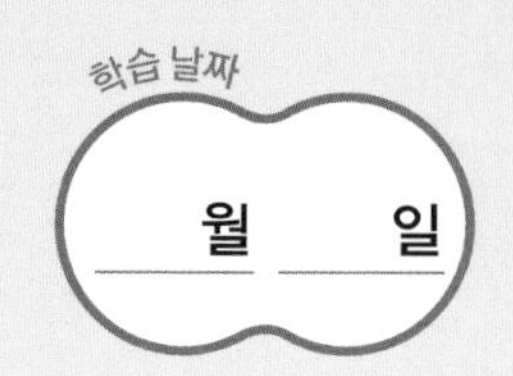

계산을 하시오. (1 ~ 15)

1
$$\begin{array}{r} 130 \\ -\ 70 \\ \hline \square \end{array}$$

2
$$\begin{array}{r} 140 \\ -\ 90 \\ \hline \square \end{array}$$

3
$$\begin{array}{r} 150 \\ -\ 80 \\ \hline \square \end{array}$$

4
$$\begin{array}{r} 160 \\ -\ 90 \\ \hline \square \end{array}$$

5
$$\begin{array}{r} 120 \\ -\ 80 \\ \hline \square \end{array}$$

6
$$\begin{array}{r} 110 \\ -\ 70 \\ \hline \square \end{array}$$

7
$$\begin{array}{r} 145 \\ -\ 17 \\ \hline \square \end{array}$$

8
$$\begin{array}{r} 156 \\ -\ 39 \\ \hline \square \end{array}$$

9
$$\begin{array}{r} 191 \\ -\ 24 \\ \hline \square \end{array}$$

10
$$\begin{array}{r} 183 \\ -\ 26 \\ \hline \square \end{array}$$

11
$$\begin{array}{r} 172 \\ -\ 34 \\ \hline \square \end{array}$$

12
$$\begin{array}{r} 164 \\ -\ 17 \\ \hline \square \end{array}$$

13
$$\begin{array}{r} 193 \\ -\ 37 \\ \hline \square \end{array}$$

14
$$\begin{array}{r} 185 \\ -\ 18 \\ \hline \square \end{array}$$

15
$$\begin{array}{r} 172 \\ -\ 17 \\ \hline \square \end{array}$$

걸린 시간	1~8분	8~12분	12~16분
맞은 개수	28~31개	22~27개	1~21개
평가	참 잘했어요.	잘했어요.	좀더 노력해요.

계산을 하시오. (16 ~ 31)

16 $120-90=\square$

17 $130-80=\square$

18 $130-70=\square$

19 $150-60=\square$

20 $110-90=\square$

21 $160-80=\square$

22 $145-19=\square$

23 $155-49=\square$

24 $192-35=\square$

25 $171-28=\square$

26 $164-57=\square$

27 $183-26=\square$

28 $154-28=\square$

29 $142-16=\square$

30 $175-37=\square$

31 $193-29=\square$

백의 자리 숫자가 1인 (세 자리 수)-(두 자리 수)(4)

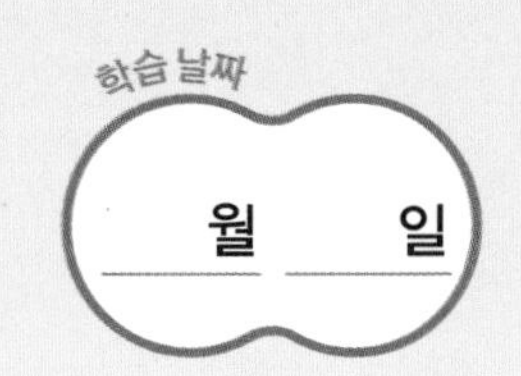

□ 안에 알맞은 수를 써넣으시오. (1~10)

1
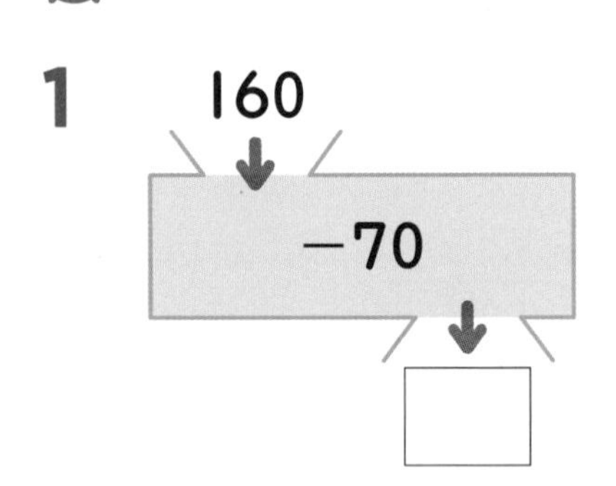

2
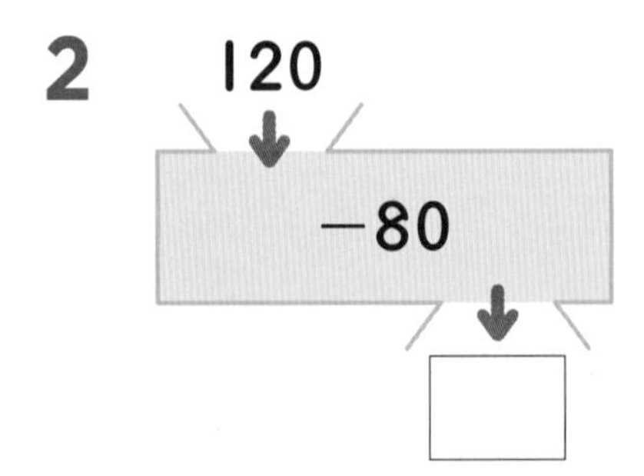

3
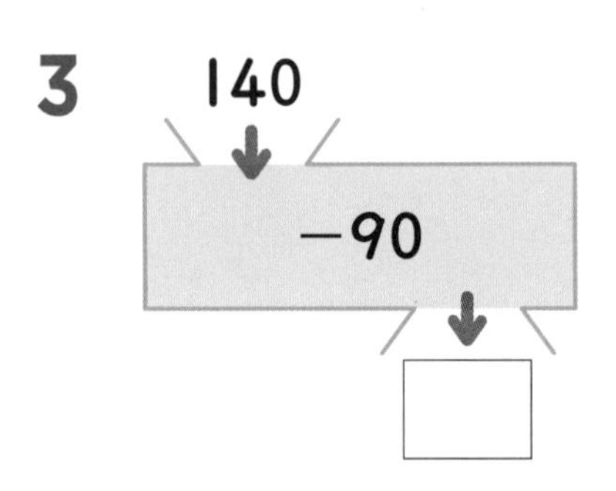

4
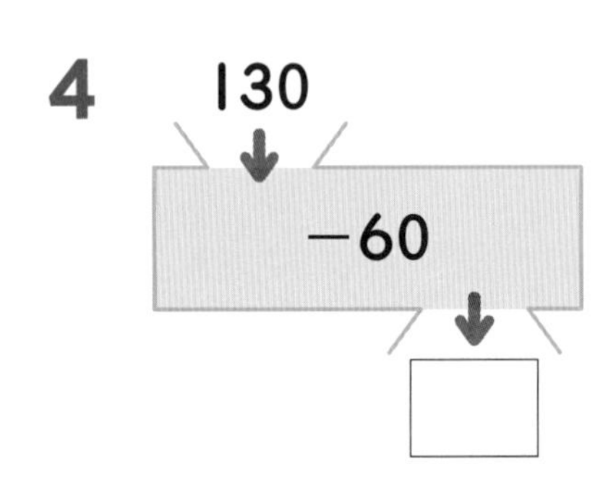

5
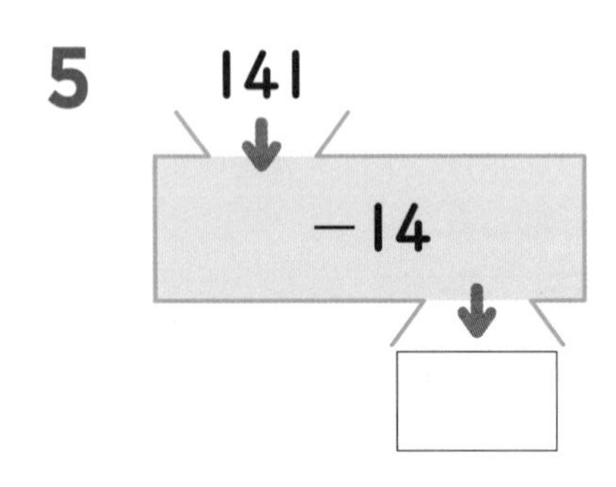

6
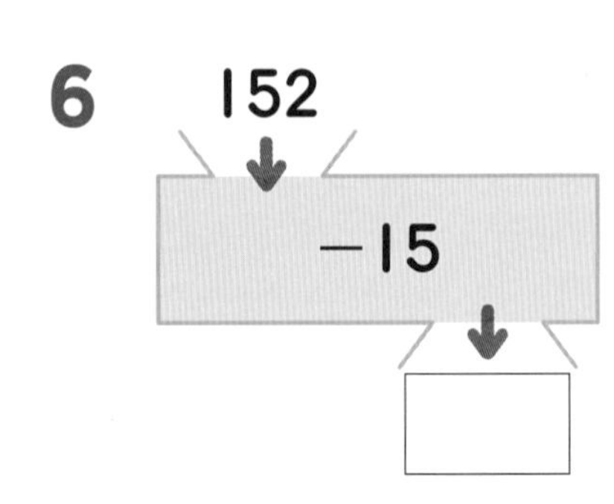

7
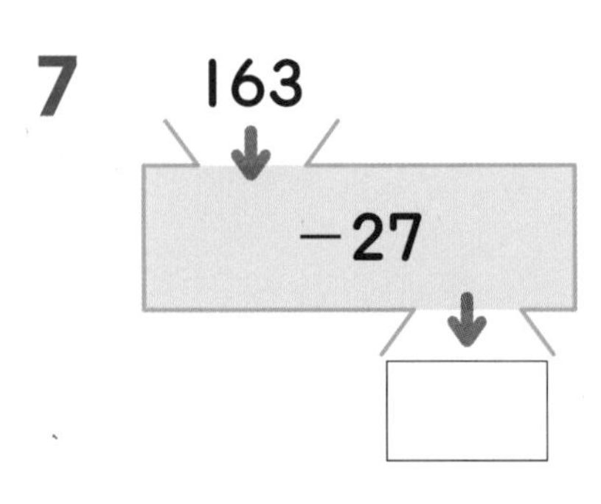

8
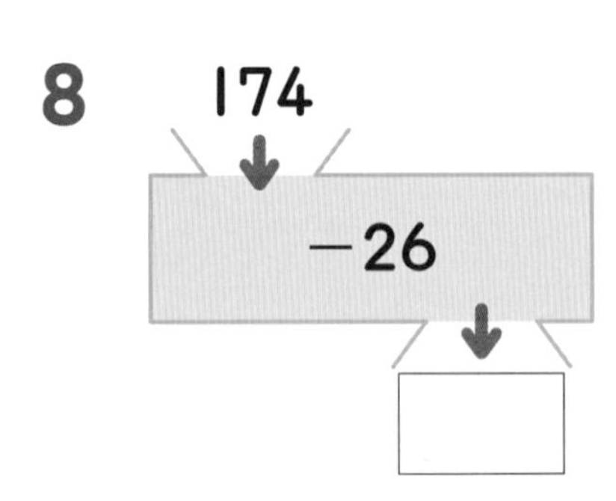

9
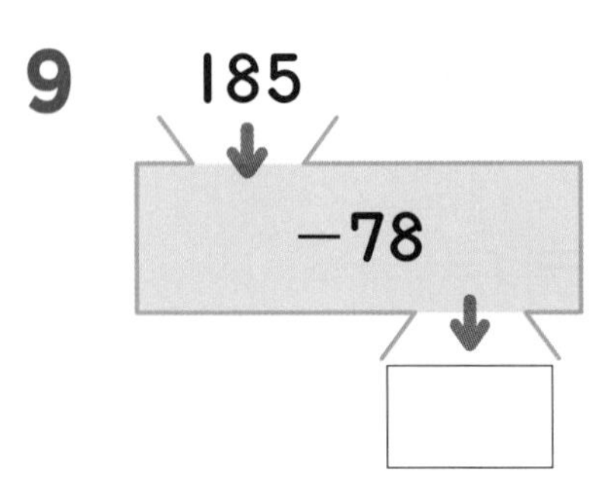

10
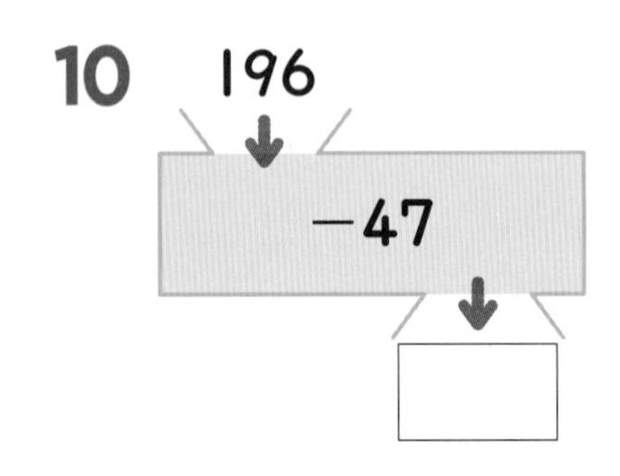

계산은 빠르고 정확하게!

걸린 시간	1~5분	5~8분	8~10분
맞은 개수	18~20개	14~17개	1~13개
평가	참 잘했어요.	잘했어요.	좀더 노력해요.

빈 곳에 알맞은 수를 써넣으시오. (11 ~ 20)

11

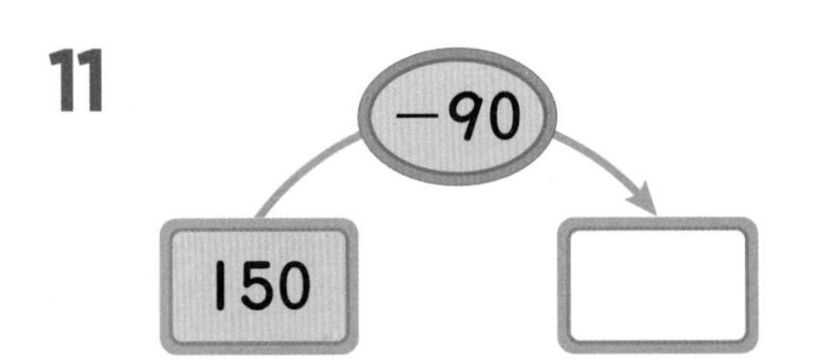

12

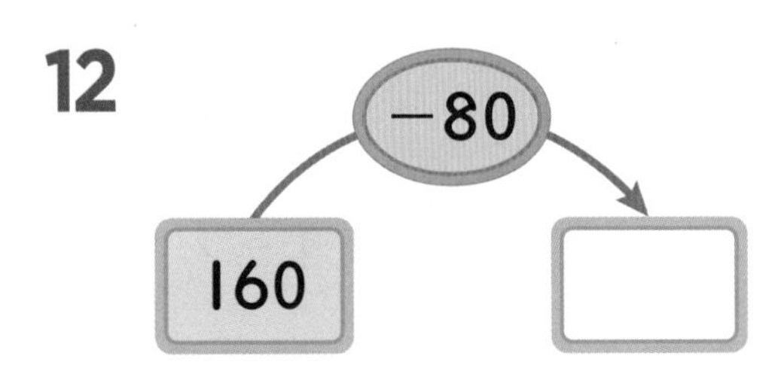

13

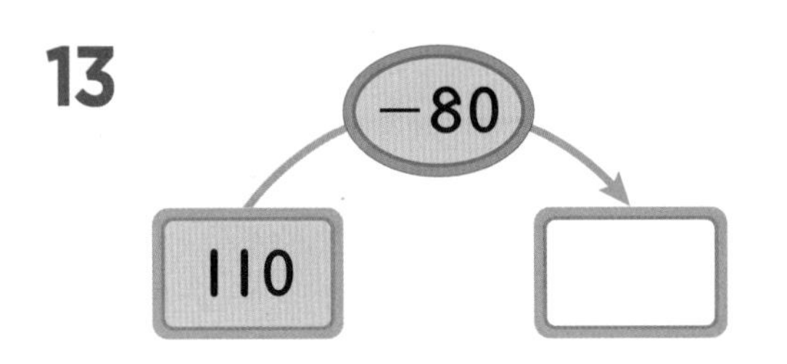

14

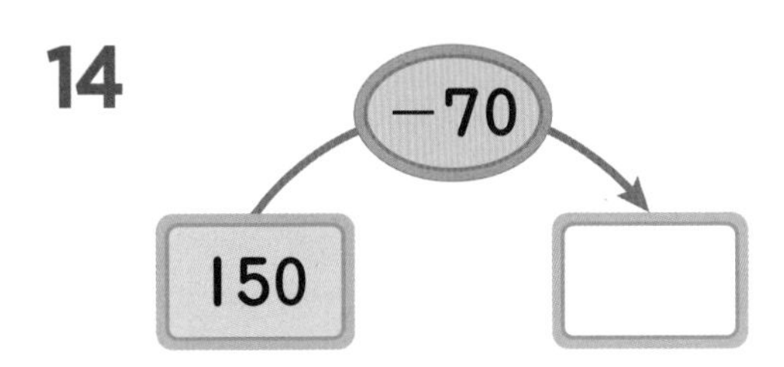

15

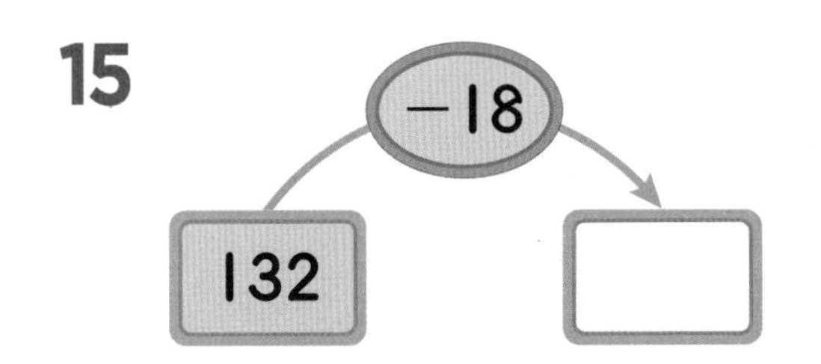

16

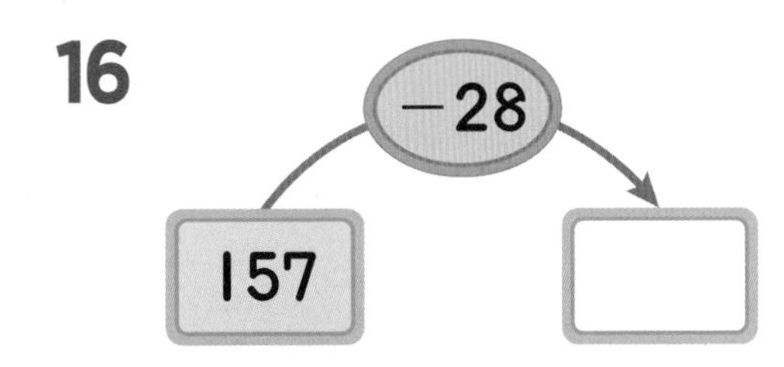

17

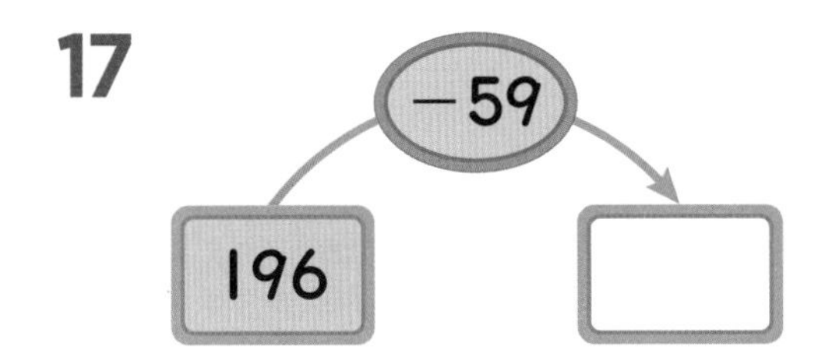

18

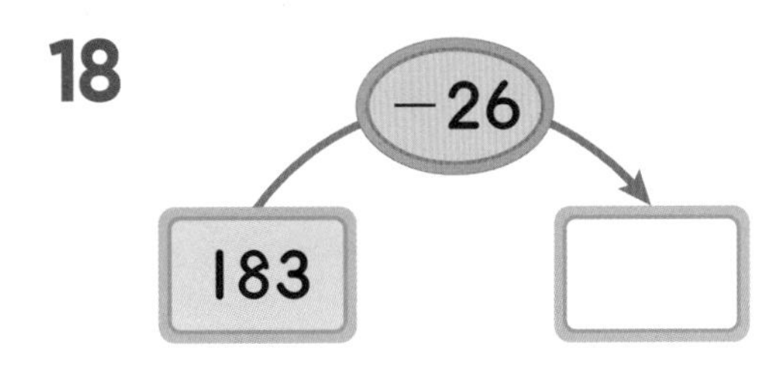

19

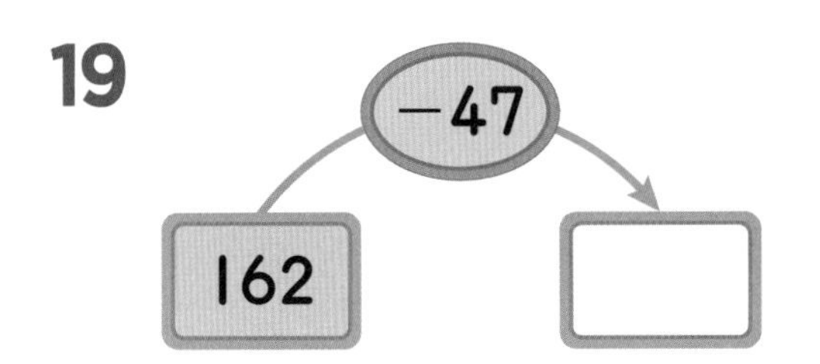

20

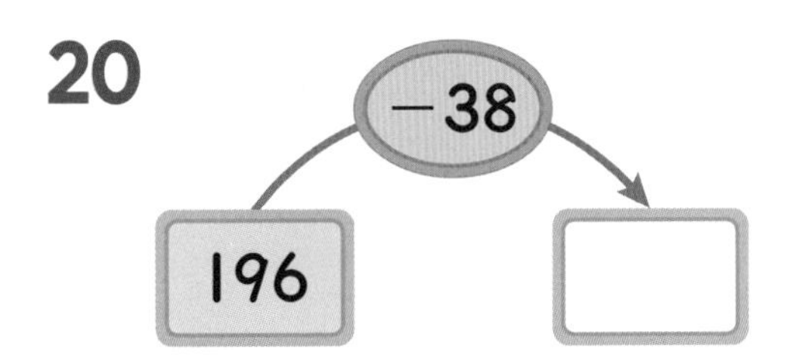

5 여러 가지 방법으로 뺄셈하기(1)

43－18의 계산

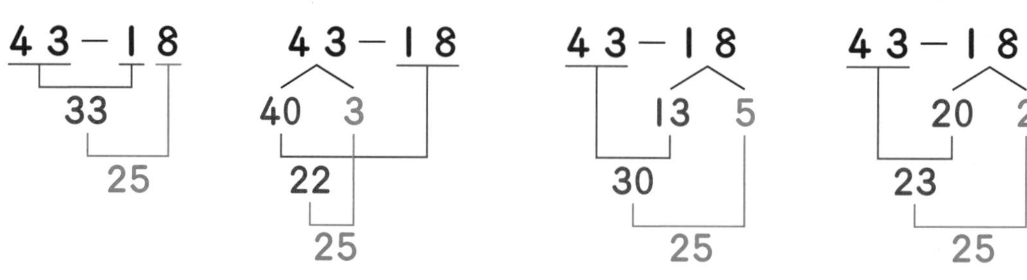

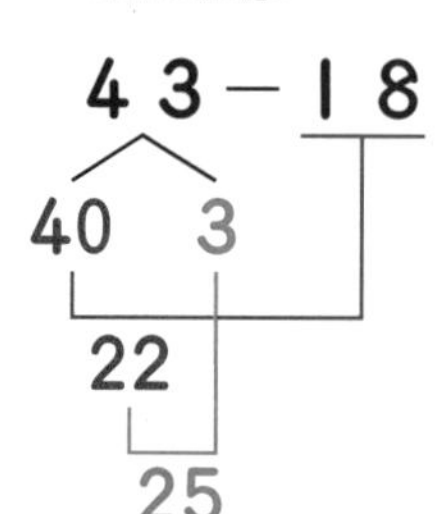

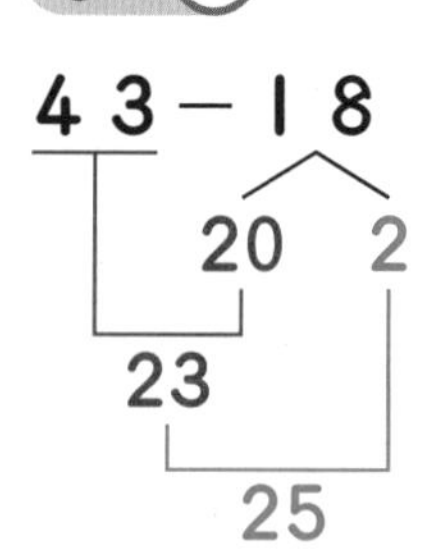

□ 안에 알맞은 수를 써넣으시오. (1~9)

1 $80-52=\square$

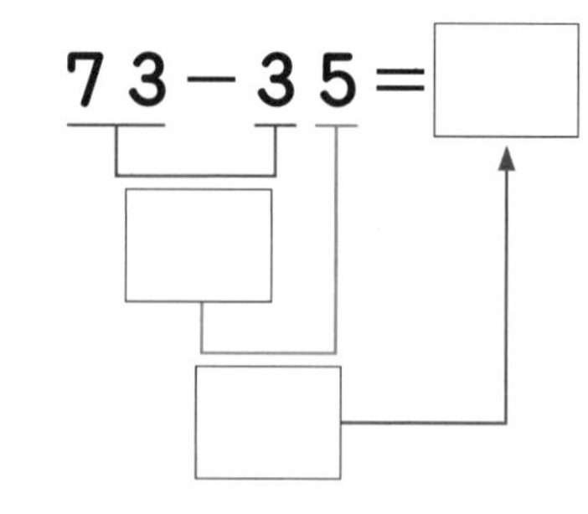

2 $64-28=\square$

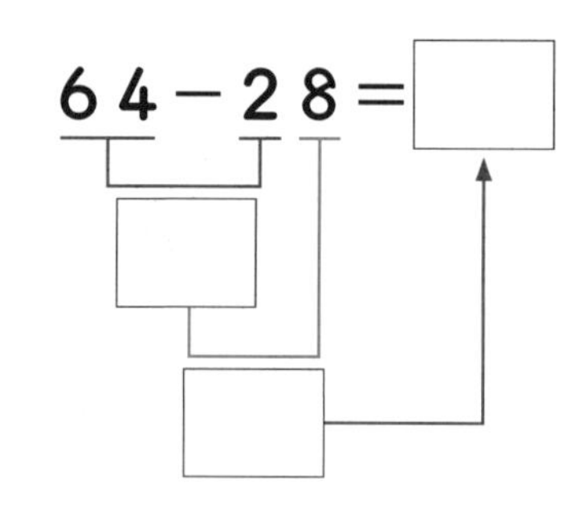

3 $86-49=\square$

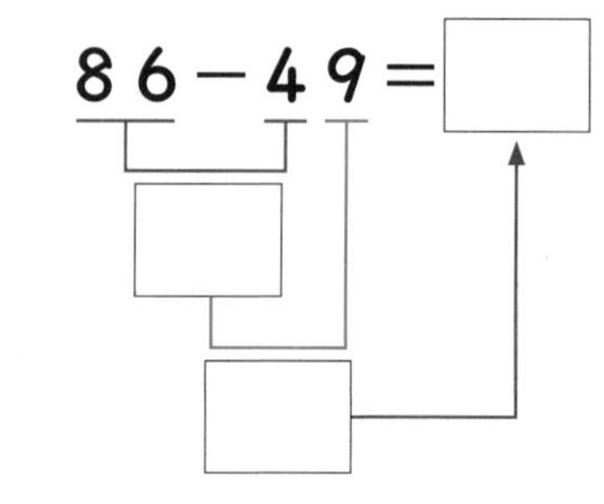

4 $73-35=\square$

5 $92-17=\square$

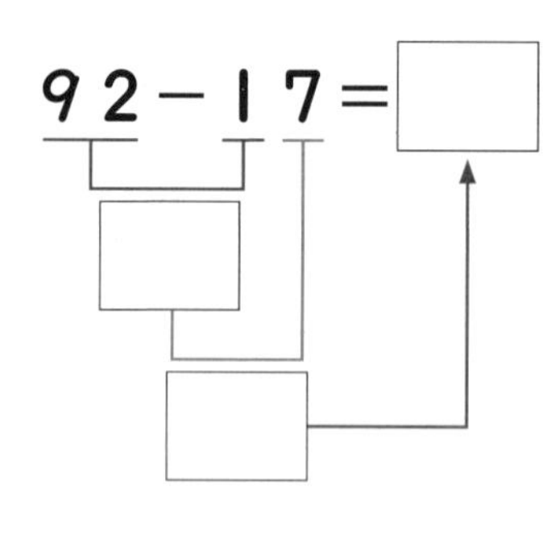

6 $34-16=\square$

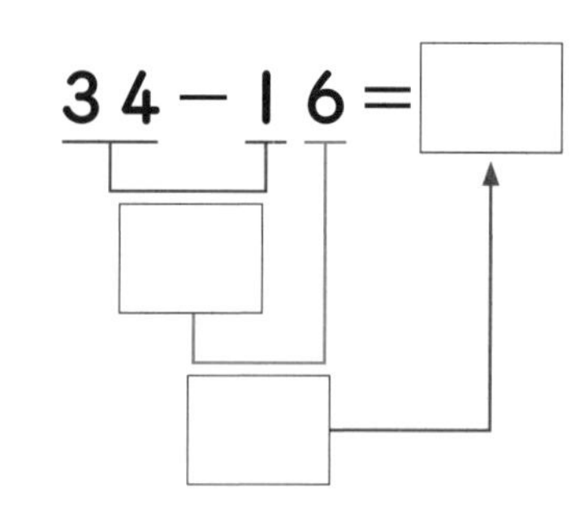

7 $45-27=\square$

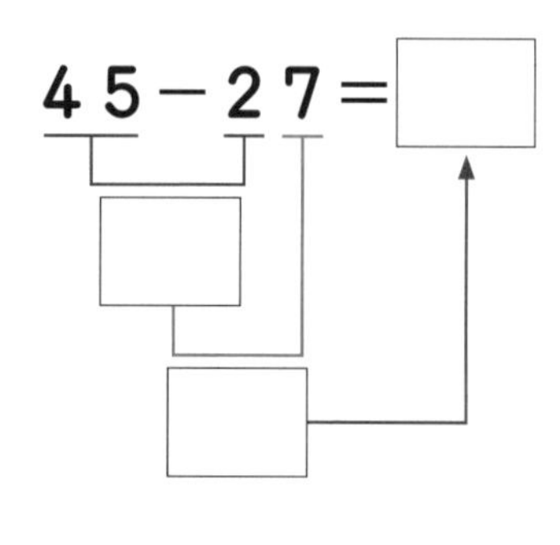

8 $52-18=\square$

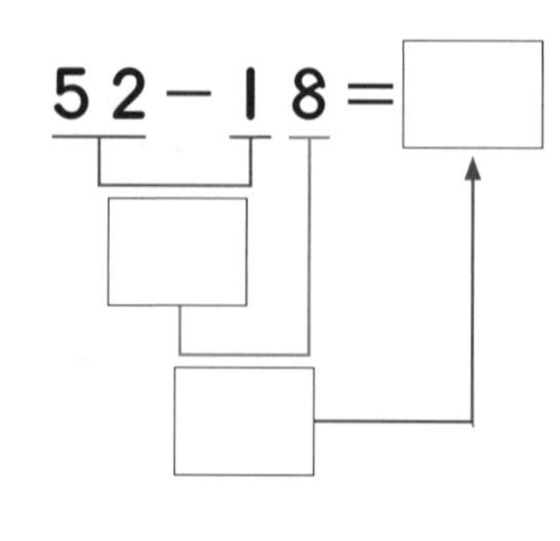

9 $61-24=\square$

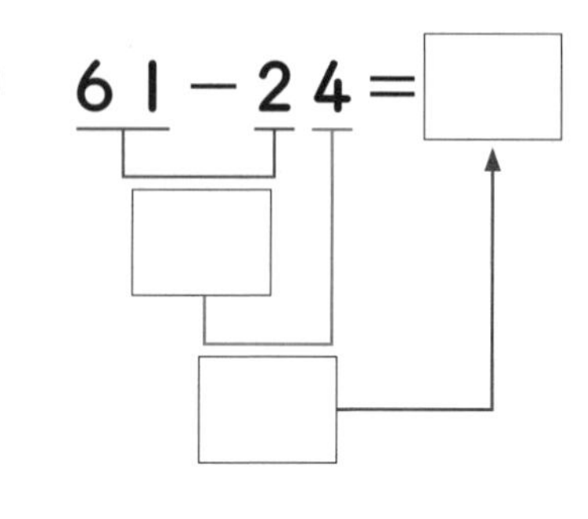

계산은 빠르고 정확하게!

걸린 시간	1~5분	5~8분	8~10분
맞은 개수	19~21개	15~18개	1~14개
평가	참 잘했어요.	잘했어요.	좀더 노력해요.

□ 안에 알맞은 수를 써넣으시오. (10 ~ 21)

10 $63-17$
$=63-\square-7$
$=\square-7$
$=\square$

11 $54-25$
$=54-\square-5$
$=\square-5$
$=\square$

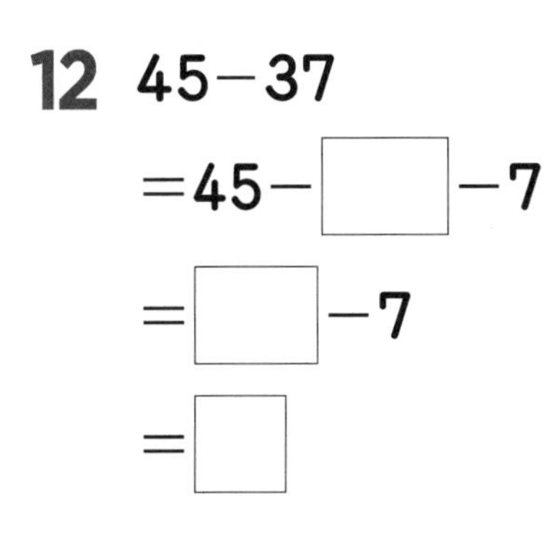

12 $45-37$
$=45-\square-7$
$=\square-7$
$=\square$

13 $52-34$
$=52-\square-4$
$=\square-4$
$=\square$

14 $61-16$
$=61-\square-6$
$=\square-6$
$=\square$

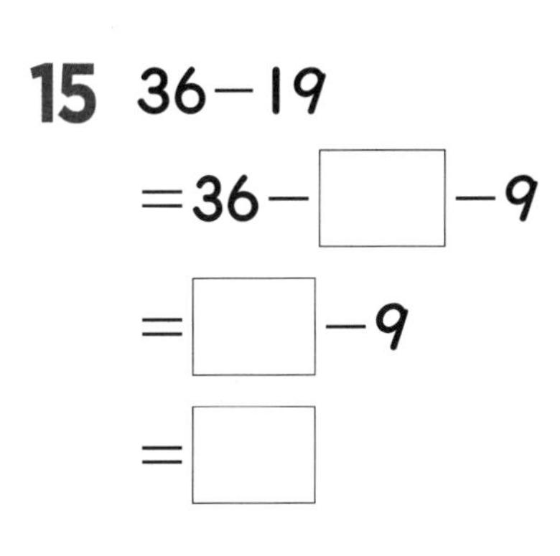

15 $36-19$
$=36-\square-9$
$=\square-9$
$=\square$

16 $77-38$
$=77-30-\square$
$=\square-\square$
$=\square$

17 $83-28$
$=83-20-\square$
$=\square-\square$
$=\square$

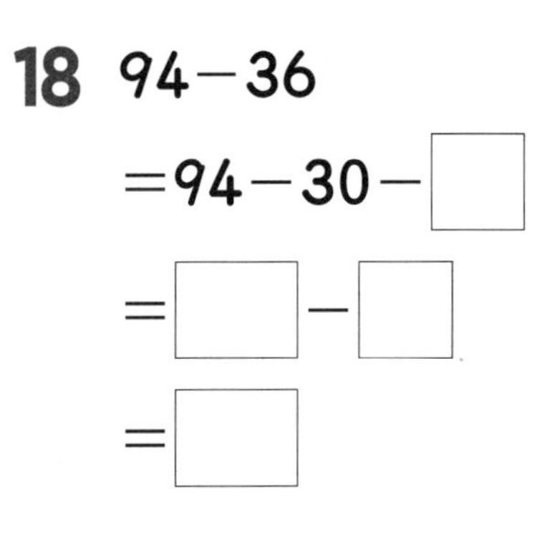

18 $94-36$
$=94-30-\square$
$=\square-\square$
$=\square$

19 $65-39$
$=65-30-\square$
$=\square-\square$
$=\square$

20 $71-27$
$=71-20-\square$
$=\square-\square$
$=\square$

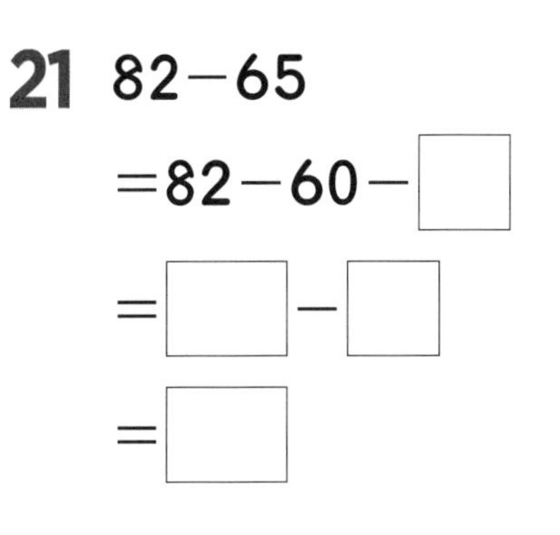

21 $82-65$
$=82-60-\square$
$=\square-\square$
$=\square$

5 여러 가지 방법으로 뺄셈하기 (2)

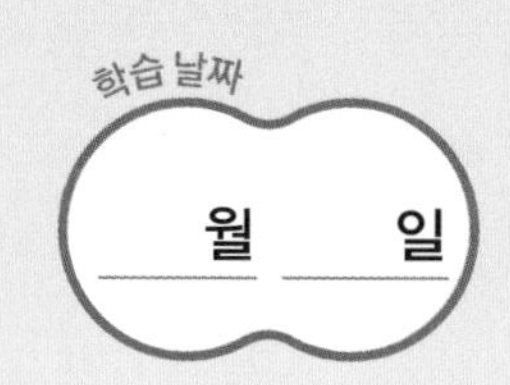

□ 안에 알맞은 수를 써넣으시오. (1~8)

1 45 − 17 = □

40 5

2

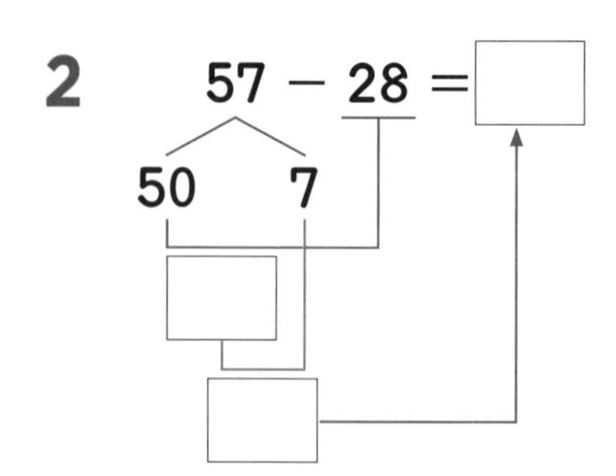

3 31 − 16 = □

30 1

4

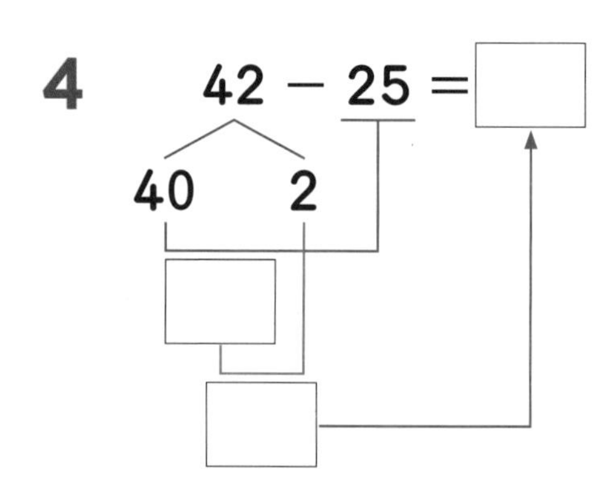

5

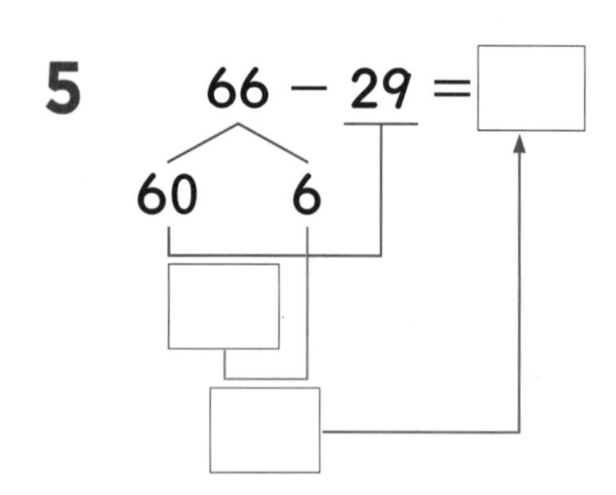

6

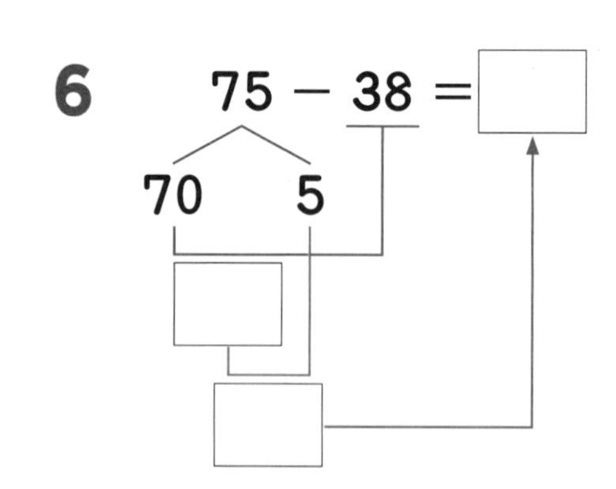

7 53 − 36 = □

50 3

8

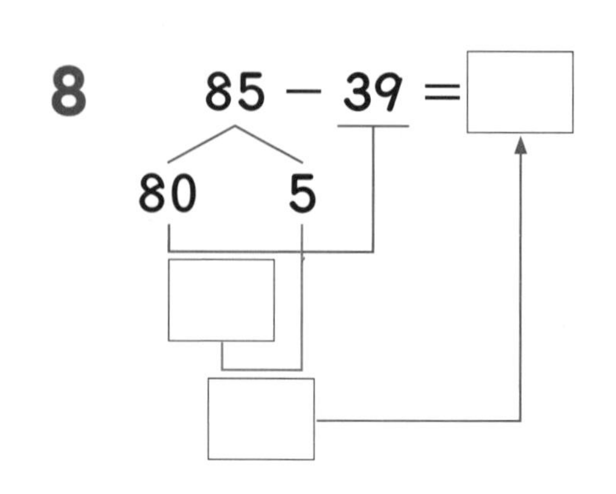

걸린 시간	1~5분	5~8분	8~10분
맞은 개수	18~20개	14~17개	1~13개
평가	참 잘했어요.	잘했어요.	좀더 노력해요.

□ 안에 알맞은 수를 써넣으시오. (9 ~ 20)

9 55−18
=50−□+5
=□+5
=□

10 63−25
=60−□+3
=□+3
=□

11 72−26
=70−□+2
=□+2
=□

12 66−49
=60−□+6
=□+6
=□

13 74−55
=70−□+4
=□+4
=□

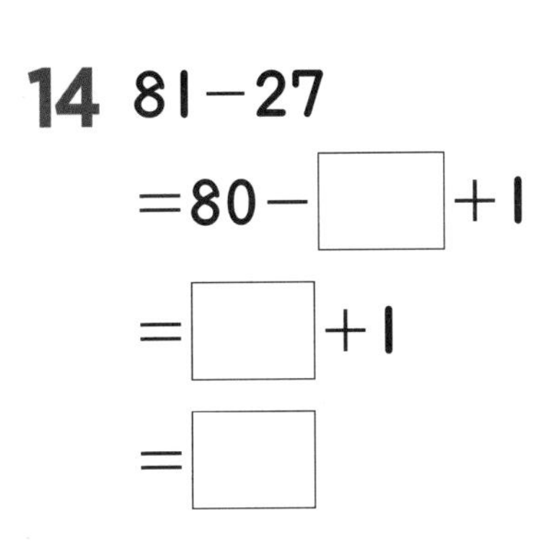

14 81−27
=80−□+1
=□+1
=□

15 75−37
=70−□+□
=□+□
=□

16 83−36
=80−□+□
=□+□
=□

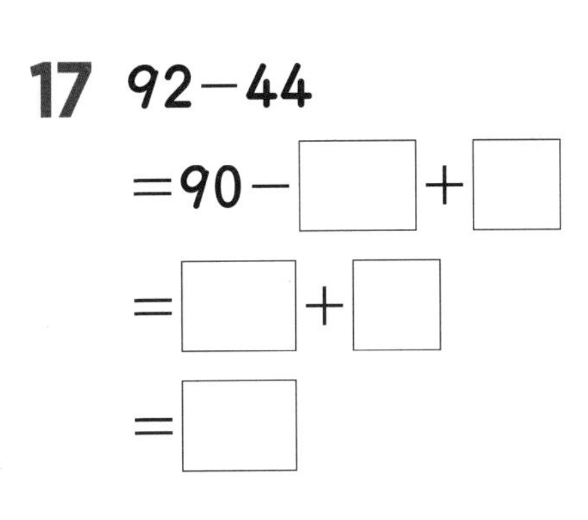

17 92−44
=90−□+□
=□+□
=□

18 64−26
=60−□+□
=□+□
=□

19 51−26
=50−□+□
=□+□
=□

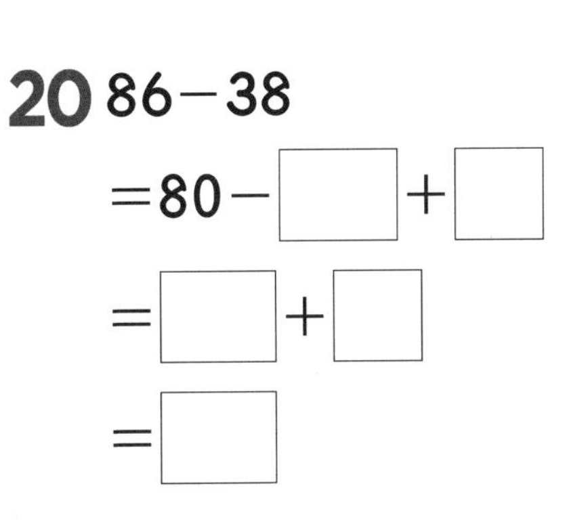

20 86−38
=80−□+□
=□+□
=□

5 여러 가지 방법으로 뺄셈하기 (3)

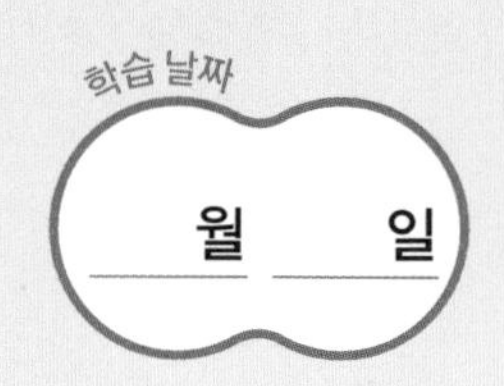

□ 안에 알맞은 수를 써넣으시오. (1 ~ 8)

1

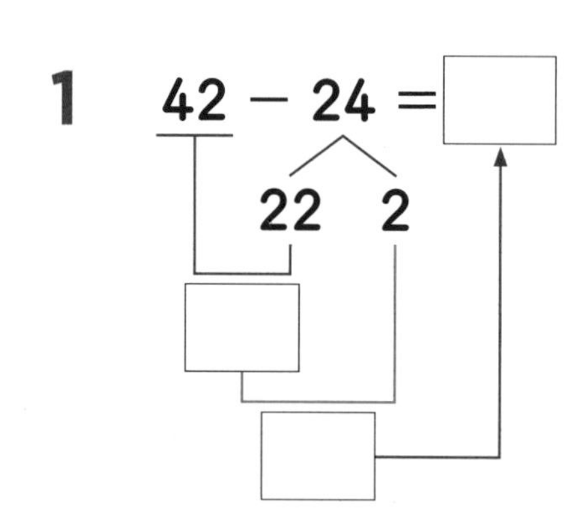

2

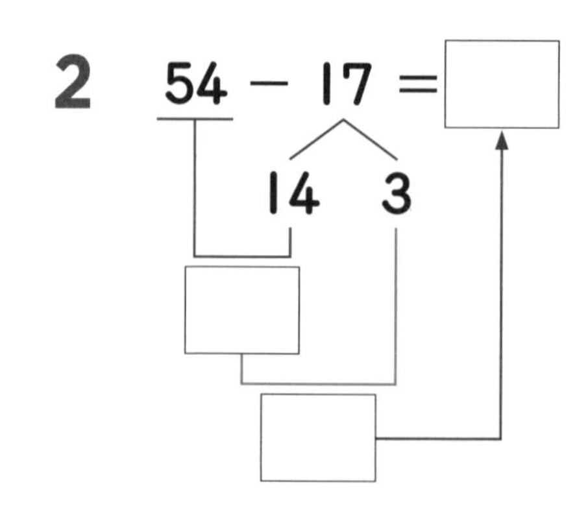

3 63 − 27 = □

23 4

4

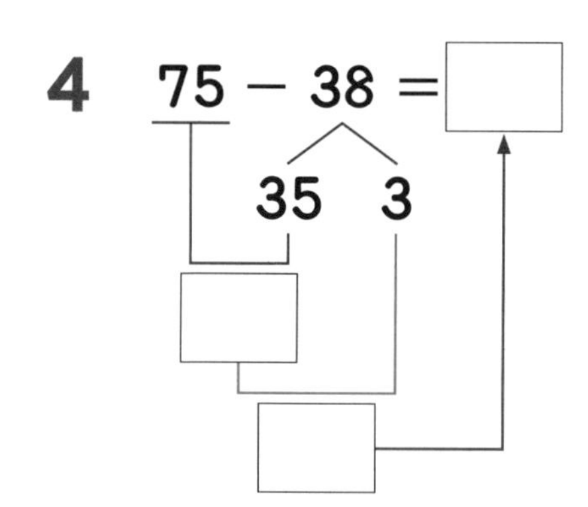

5

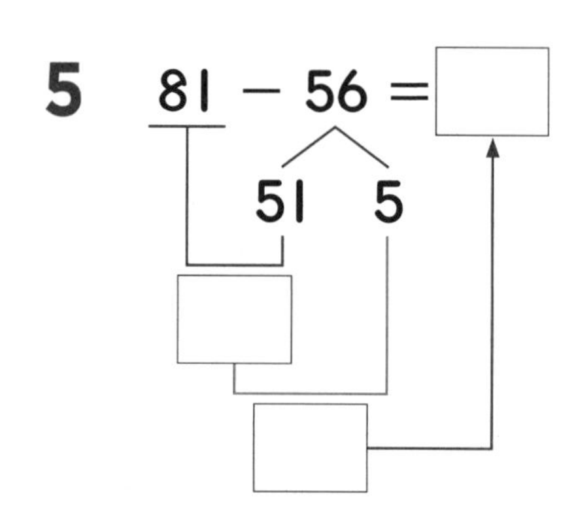

6 96 − 28 = □

26 2

7 57 − 38 = □

37 1

8

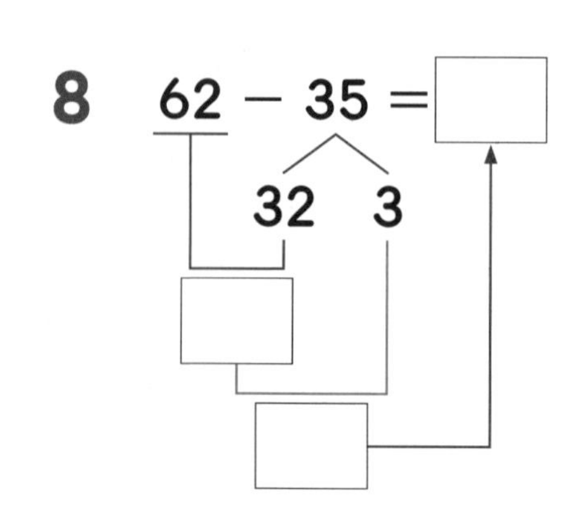

계산은 빠르고 정확하게!

걸린 시간	1~5분	5~8분	8~10분
맞은 개수	18~20개	14~17개	1~13개
평가	참 잘했어요.	잘했어요.	좀더 노력해요.

□ 안에 알맞은 수를 써넣으시오. (9 ~ 20)

9 $55-28$
$=55-25-\square$
$=\square-\square$
$=\square$

10 $47-19$
$=47-17-\square$
$=\square-\square$
$=\square$

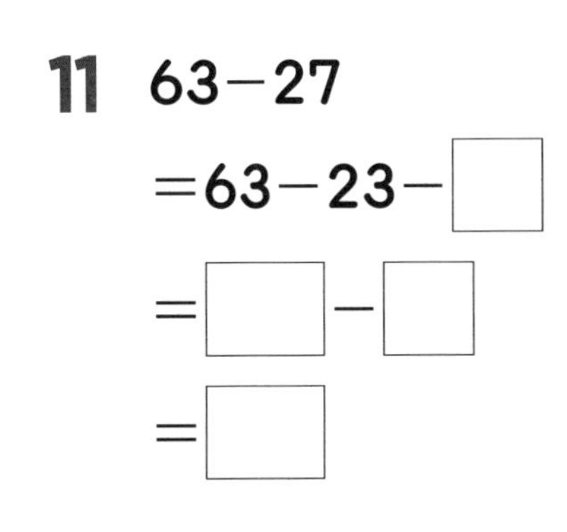

11 $63-27$
$=63-23-\square$
$=\square-\square$
$=\square$

12 $34-18$
$=34-14-\square$
$=\square-\square$
$=\square$

13 $71-25$
$=71-21-\square$
$=\square-\square$
$=\square$

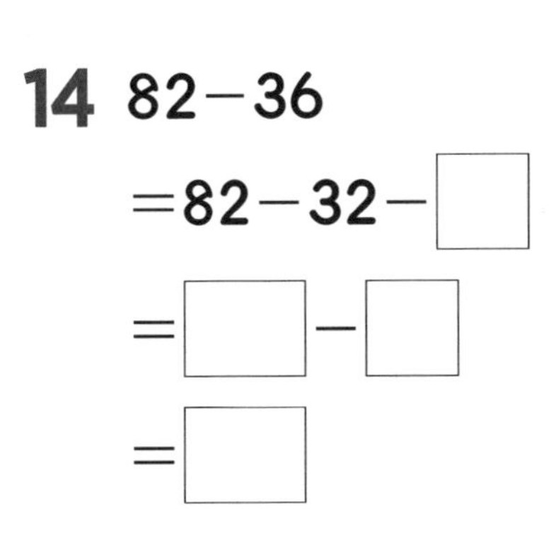

14 $82-36$
$=82-32-\square$
$=\square-\square$
$=\square$

15 $66-37$
$=66-\square-1$
$=\square-1$
$=\square$

16 $75-39$
$=75-\square-4$
$=\square-4$
$=\square$

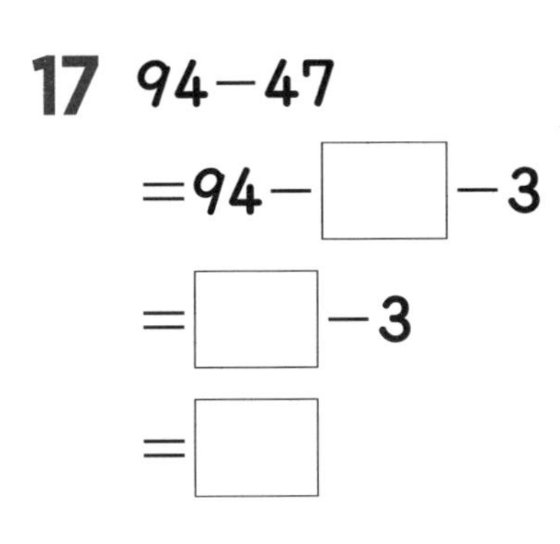

17 $94-47$
$=94-\square-3$
$=\square-3$
$=\square$

18 $52-26$
$=52-\square-4$
$=\square-4$
$=\square$

19 $83-35$
$=83-\square-2$
$=\square-2$
$=\square$

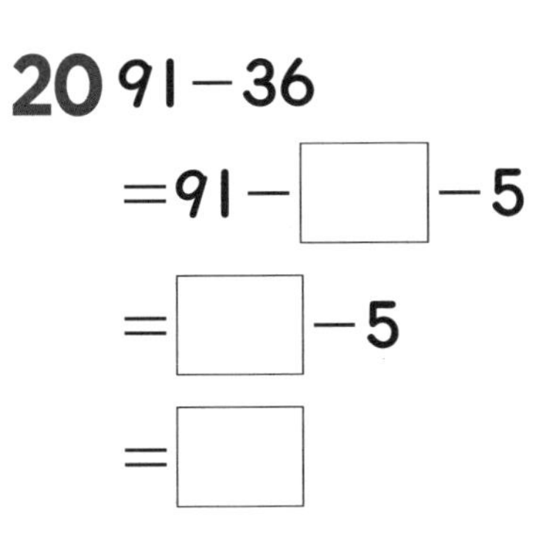

20 $91-36$
$=91-\square-5$
$=\square-5$
$=\square$

5 여러 가지 방법으로 뺄셈하기(4)

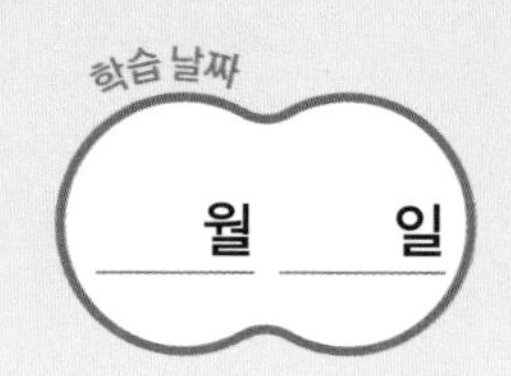

□ 안에 알맞은 수를 써넣으시오. (1~8)

1 54 − 39 = □

40 1

2

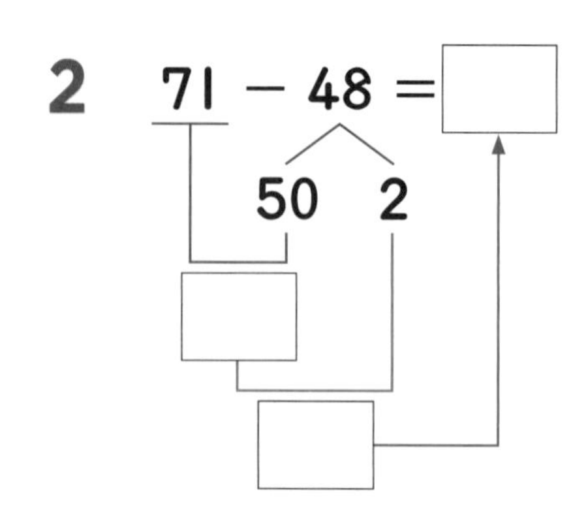

3 62 − 27 = □

30 3

4

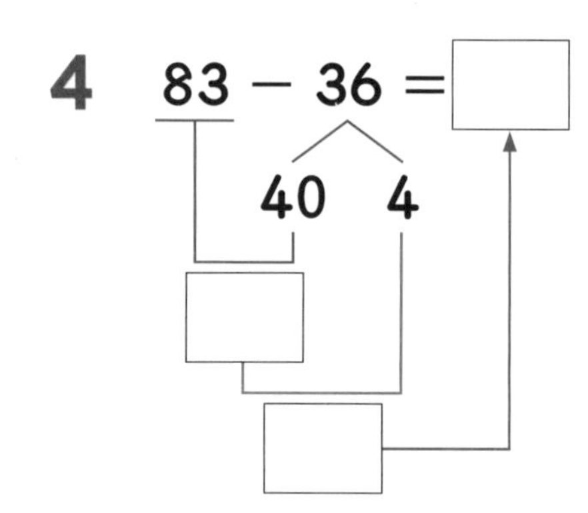

5

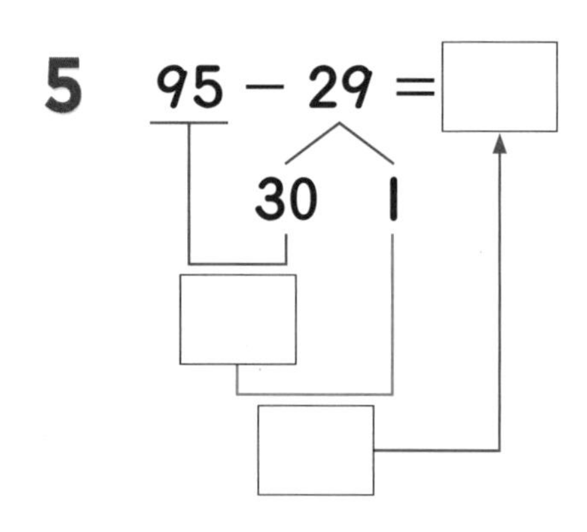

6 57 − 29 = □

30 1

7 74 − 27 = □

30 3

8 82 − 36 = □

40 4

걸린 시간	1~5분	5~8분	8~10분
맞은 개수	18~20개	14~17개	1~13개
평가	참 잘했어요.	잘했어요.	좀더 노력해요.

□ 안에 알맞은 수를 써넣으시오. (9 ~ 20)

9 $55-28$
$=55-30+\square$
$=\square+\square$
$=\square$

10 $64-17$
$=64-20+\square$
$=\square+\square$
$=\square$

11 $73-36$
$=73-40+\square$
$=\square+\square$
$=\square$

12 $81-37$
$=81-40+\square$
$=\square+\square$
$=\square$

13 $92-19$
$=92-20+\square$
$=\square+\square$
$=\square$

14 $56-39$
$=56-40+\square$
$=\square+\square$
$=\square$

15 $74-26$
$=74-\square+4$
$=\square+4$
$=\square$

16 $93-38$
$=93-\square+2$
$=\square+2$
$=\square$

17 $82-49$
$=82-\square+1$
$=\square+1$
$=\square$

18 $61-27$
$=61-\square+3$
$=\square+3$
$=\square$

19 $53-16$
$=53-\square+4$
$=\square+4$
$=\square$

20 $76-57$
$=76-\square+3$
$=\square+3$
$=\square$

5 여러 가지 방법으로 뺄셈하기(5)

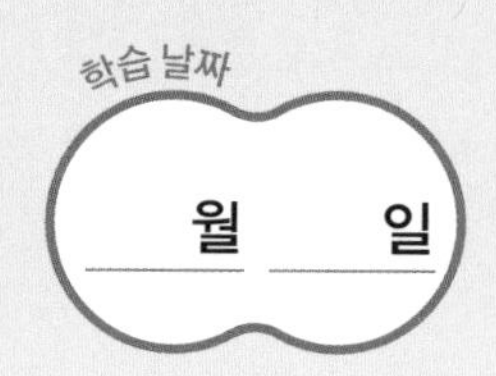

주어진 식을 두 가지 방법으로 계산하시오. (1~6)

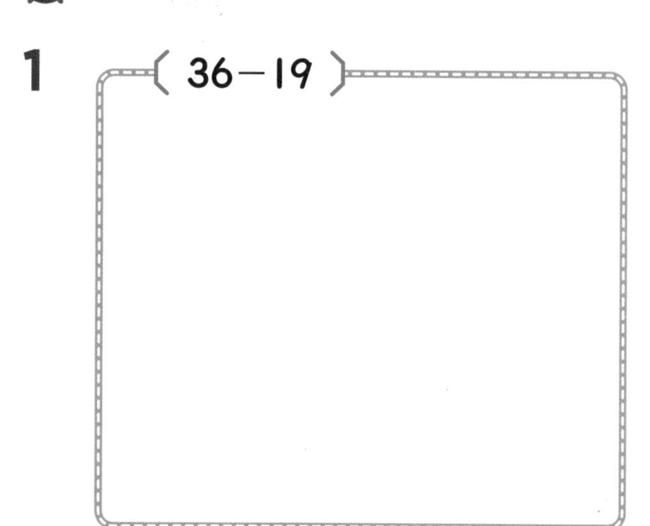

1 36−19

2 45−28

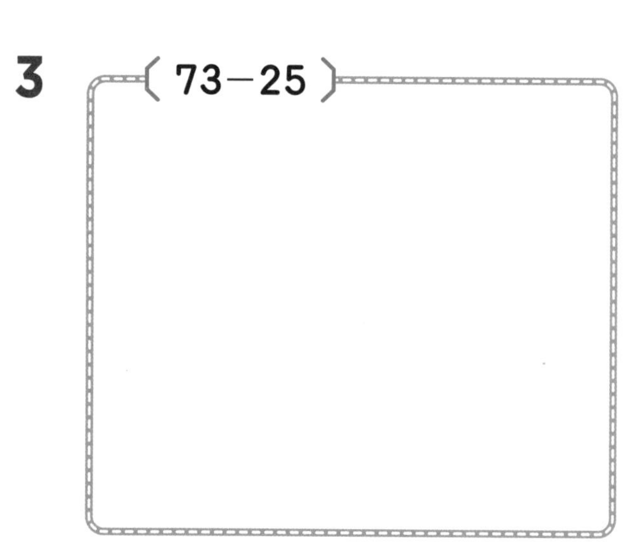

3 73−25

4 64−17

5 82−28

6 91−34

계산은 빠르고 정확하게!

걸린 시간	1~12분	12~18분	18~24분
맞은 개수	11~12개	8~10개	1~7개
평가	참 잘했어요.	잘했어요.	좀더 노력해요.

주어진 식을 두 가지 방법으로 계산하시오. (7 ~ 12)

7 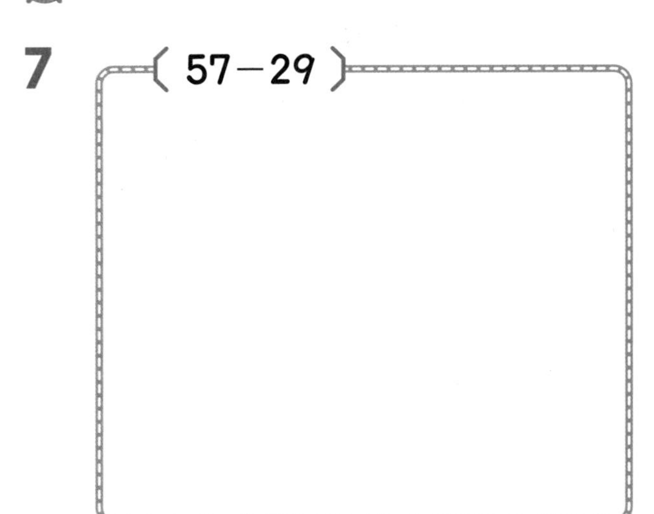

8 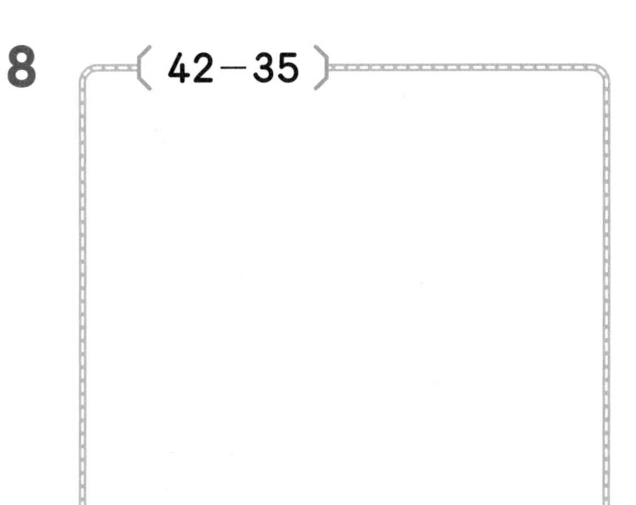

9 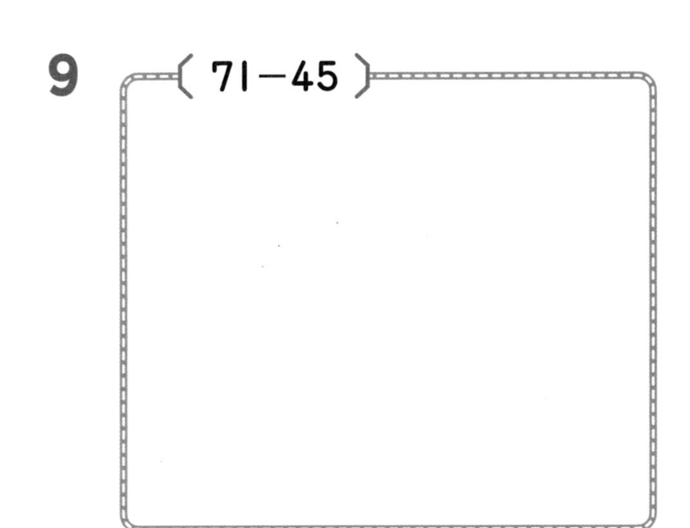

10 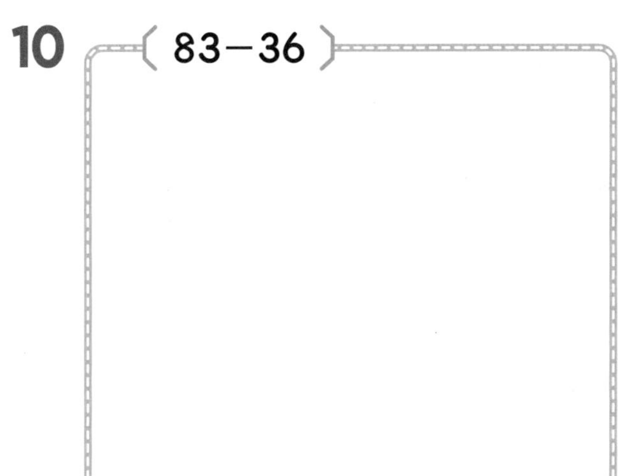

11 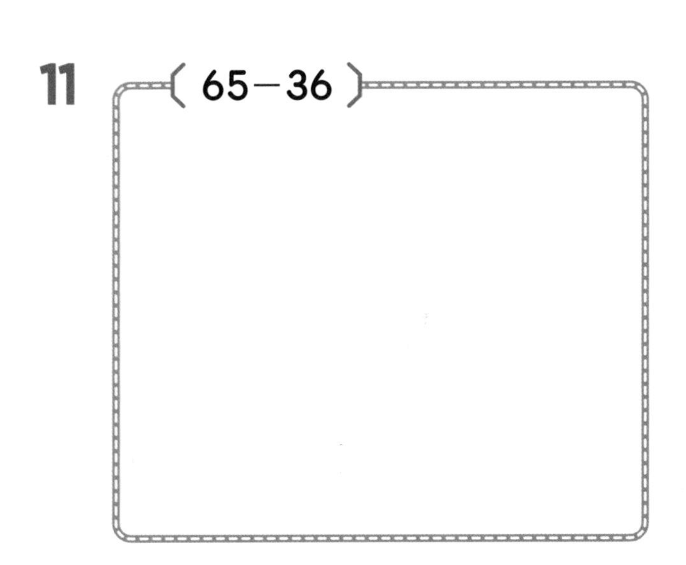

12 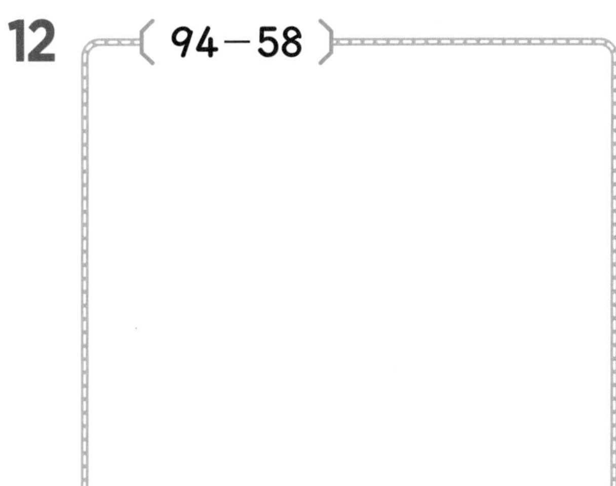

6 신기한 연산

빨셈식이 성립하도록 □ 안에 알맞은 수를 써넣으시오. (1~15)

1
$$\begin{array}{r} 4\ 2 \\ -\ \square\ 5 \\ \hline 2\ \square \end{array}$$

2
$$\begin{array}{r} 5\ 3 \\ -\ \square\ 4 \\ \hline 1\ \square \end{array}$$

3
$$\begin{array}{r} 9\ 7 \\ -\ \square\ 9 \\ \hline 4\ \square \end{array}$$

4
$$\begin{array}{r} \square\ 2 \\ -\ 3\ 6 \\ \hline 4\ \square \end{array}$$

5
$$\begin{array}{r} \square\ 4 \\ -\ 4\ 7 \\ \hline 2\ \square \end{array}$$

6
$$\begin{array}{r} \square\ 6 \\ -\ 5\ 8 \\ \hline 3\ \square \end{array}$$

7
$$\begin{array}{r} \square\ 3 \\ -\ 3\ \square \\ \hline 3\ 7 \end{array}$$

8
$$\begin{array}{r} \square\ 4 \\ -\ 4\ \square \\ \hline 4\ 6 \end{array}$$

9
$$\begin{array}{r} \square\ 5 \\ -\ 5\ \square \\ \hline 2\ 8 \end{array}$$

10
$$\begin{array}{r} 6\ \square \\ -\ \square\ 4 \\ \hline 3\ 8 \end{array}$$

11
$$\begin{array}{r} 7\ \square \\ -\ \square\ 9 \\ \hline 2\ 4 \end{array}$$

12
$$\begin{array}{r} 8\ \square \\ -\ \square\ 5 \\ \hline 2\ 9 \end{array}$$

13
$$\begin{array}{r} 5\ 7 \\ -\ 2\ \square \\ \hline \square\ 9 \end{array}$$

14
$$\begin{array}{r} 6\ 5 \\ -\ 2\ \square \\ \hline \square\ 8 \end{array}$$

15
$$\begin{array}{r} 7\ 3 \\ -\ 3\ \square \\ \hline \square\ 7 \end{array}$$

걸린 시간	1~15분	15~22분	22~30분
맞은 개수	18~19개	14~17개	1~13개
평가	참 잘했어요.	잘했어요.	좀더 노력해요.

주어진 숫자 카드 중 **4**장을 뽑아 두 자리 수를 **2**개 만들 때, 두 수의 차가 가장 큰 경우와 두 수의 차가 가장 작은 경우를 각각 구하시오. **(16 ~ 19)**

16

차가 가장 클 때

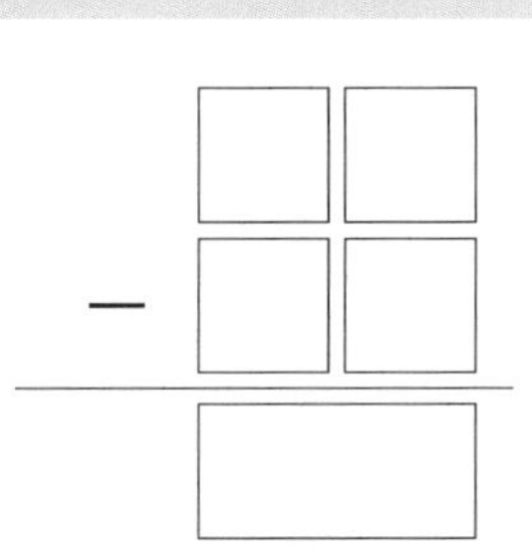

차가 가장 작을 때

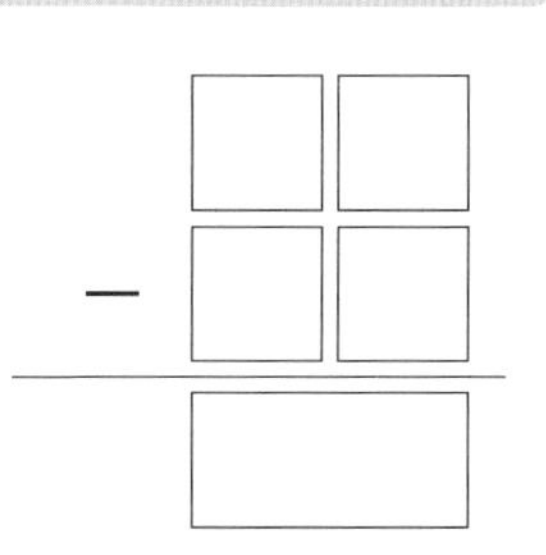

17

차가 가장 클 때

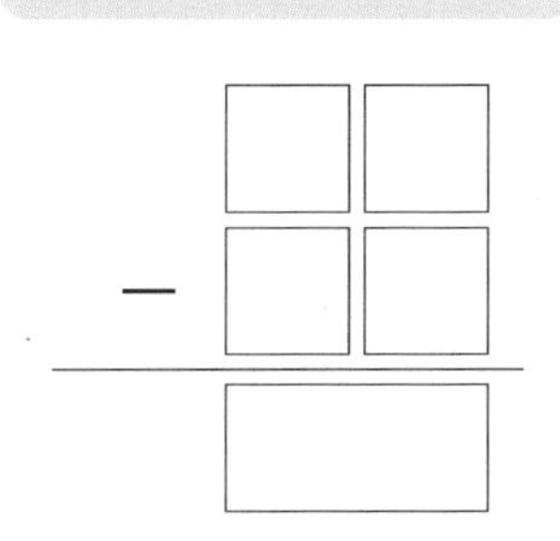

차가 가장 작을 때

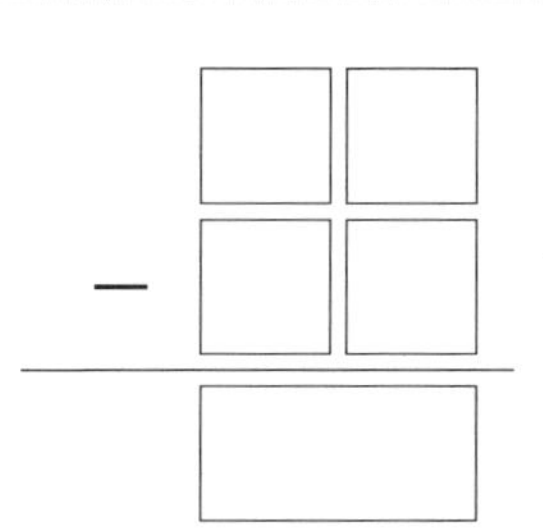

18

차가 가장 클 때

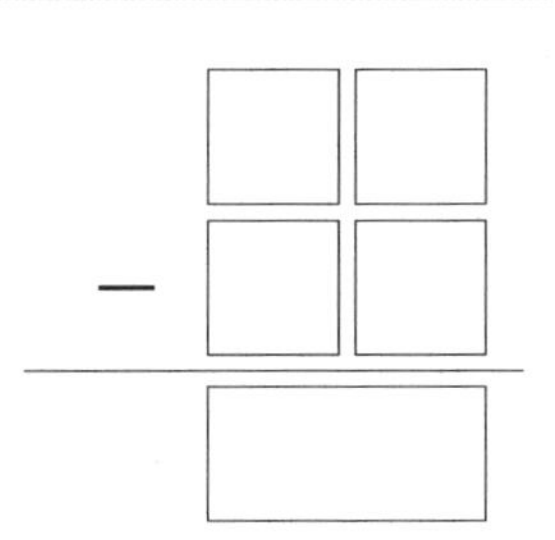

차가 가장 작을 때

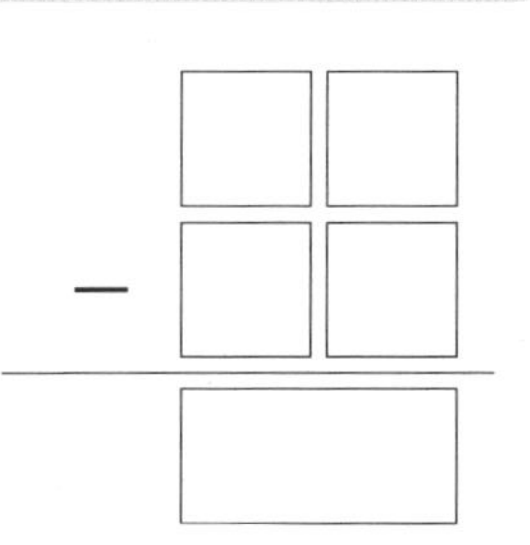

19

차가 가장 클 때

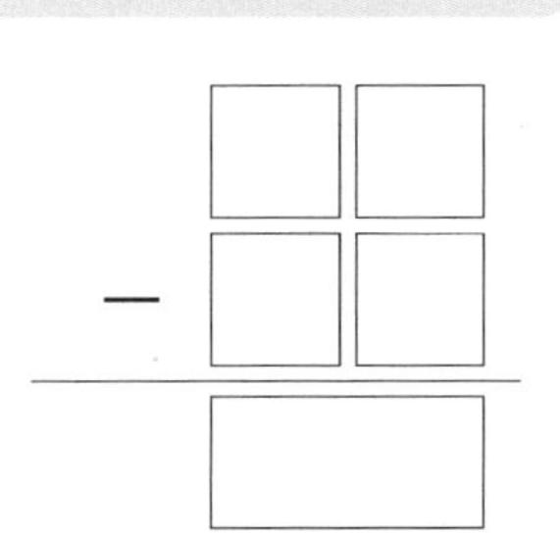

차가 가장 작을 때

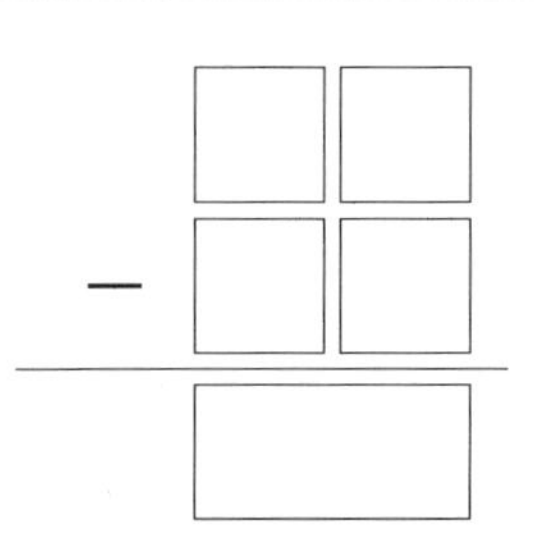

확인 평가

계산을 하시오. (1 ~ 15)

1

	3	5
−		7

2

	4	4
−		8

3

	5	3
−		9

4

	5	0
−	1	2

5

	6	3
−	3	4

6

	8	0
−	2	6

7

	4	1
−	1	7

8

	5	3
−	2	7

9

	6	5
−	4	9

10

	7	2
−	2	4

11

	8	4
−	3	5

12

	9	6
−	6	9

13

	1	4	3
−		2	6

14

	1	6	4
−		3	7

15

	1	8	2
−		5	8

걸린 시간	1~15분	15~22분	22~30분
맞은 개수	34~37개	26~33개	1~25개
평가	참 잘했어요.	잘했어요.	좀더 노력해요.

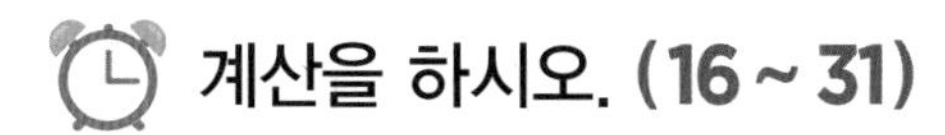

계산을 하시오. (16 ~ 31)

16 46 − 7 =

17 62 − 9 =

18 53 − 8 =

19 91 − 6 =

20 44 − 19 =

21 56 − 27 =

22 75 − 28 =

23 82 − 25 =

24 60 − 23 =

25 50 − 39 =

26 70 − 18 =

27 80 − 47 =

28 123 − 14 =

29 146 − 28 =

30 196 − 37 =

31 182 − 46 =

주어진 식을 두 가지 방법으로 계산하시오. (32 ~ 37)

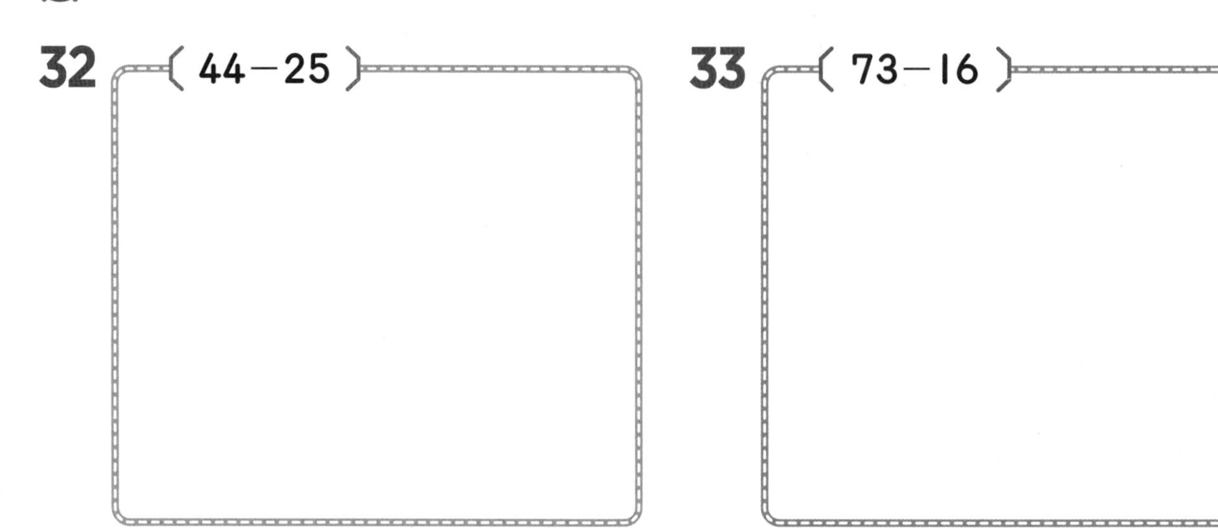

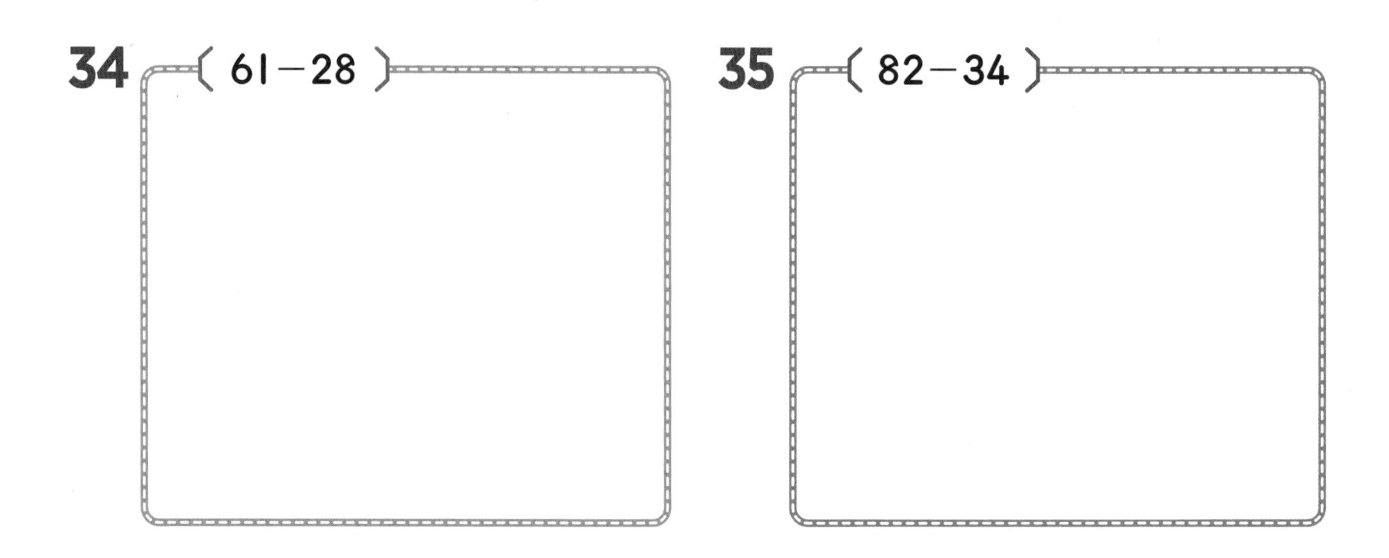

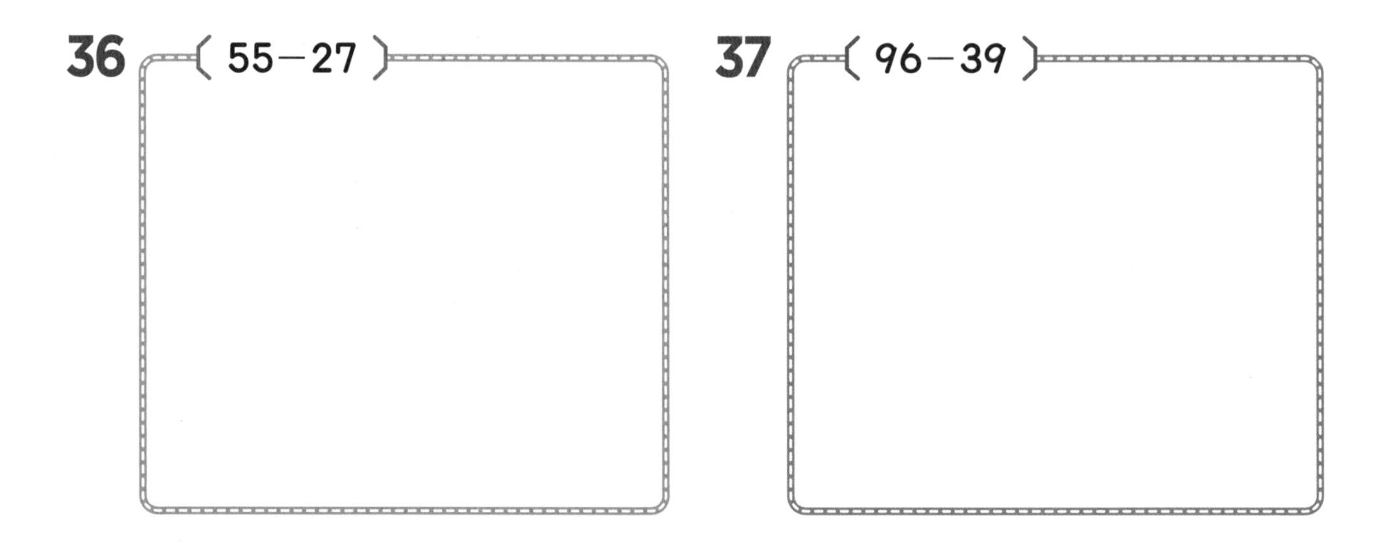

2

받아내림이 두 번 있는 뺄셈

받아내림이 두 번 있는 (백 몇십)-(두 자리 수)(1)

130－53의 계산

(1) 일의 자리 숫자끼리 뺄 수 없으므로 십의 자리에서 10을 받아내림하여 십의 자리에는 1 작은 수를, 일의 자리에는 10을 작게 쓴 후 계산합니다.

(2) 십의 자리 숫자끼리 뺄 수 없으므로 백의 자리에서 받아내림하여 십의 자리에 10을 작게 쓴 후 계산합니다.

〈세로셈〉

		12	10
	~~1~~	~~3~~	0
−		5	3
		7	7

〈가로셈〉

	12	10						
~~1~~	~~3~~	0	−	5	3	=	7	7

계산을 하시오. (1~9)

1

	1	2	0
−		4	5

2

	1	4	0
−		5	8

3

	1	6	0
−		9	2

4

	1	1	0
−		8	4

5

	1	3	0
−		3	7

6

	1	5	0
−		7	7

7

	1	7	0
−		8	3

8

	1	4	0
−		9	1

9

	1	2	0
−		2	9

계산은 빠르고 정확하게!

걸린 시간	1~8분	8~12분	12~16분
맞은 개수	22~24개	17~21개	1~16개
평가	참 잘했어요.	잘했어요.	좀더 노력해요.

계산을 하시오. (10 ~ 24)

10

	1	1	0
−		4	6

11

	1	2	0
−		3	7

12

	1	3	0
−		3	1

13

	1	4	0
−		6	3

14

	1	5	0
−		9	2

15

	1	6	0
−		8	2

16

	1	7	0
−		7	9

17

	1	8	0
−		9	9

18

	1	4	0
−		8	8

19

	1	3	0
−		5	6

20

	1	5	0
−		7	7

21

	1	4	0
−		6	9

22

	1	2	0
−		8	3

23

	1	4	0
−		5	4

24

	1	6	0
−		9	5

1 받아내림이 두 번 있는 (백 몇십)-(두 자리 수)(2)

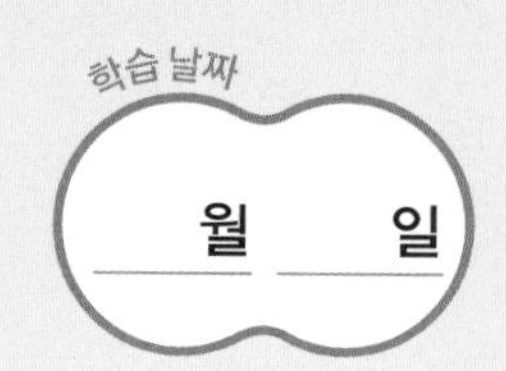

계산을 하시오. (1 ~ 16)

1 $120-59=$

2 $150-67=$

3 $110-27=$

4 $180-95=$

5 $150-93=$

6 $140-64=$

7 $120-72=$

8 $150-85=$

9 $160-84=$

10 $110-73=$

11 $170-85=$

12 $190-97=$

13 $120-38=$

14 $150-54=$

15 $130-56=$

16 $170-77=$

계산은 빠르고 정확하게!

걸린 시간	1~10분	10~15분	15~20분
맞은 개수	29~32개	23~28개	1~22개
평가	참 잘했어요.	잘했어요.	좀더 노력해요.

계산을 하시오. (17 ~ 32)

17 110 − 84 =

18 130 − 35 =

19 150 − 67 =

20 170 − 93 =

21 120 − 36 =

22 140 − 72 =

23 160 − 71 =

24 180 − 89 =

25 130 − 52 =

26 110 − 31 =

27 170 − 89 =

28 150 − 76 =

29 140 − 67 =

30 120 − 63 =

31 180 − 99 =

32 160 − 86 =

1 받아내림이 두 번 있는 (백 몇십)-(두 자리 수) (3)

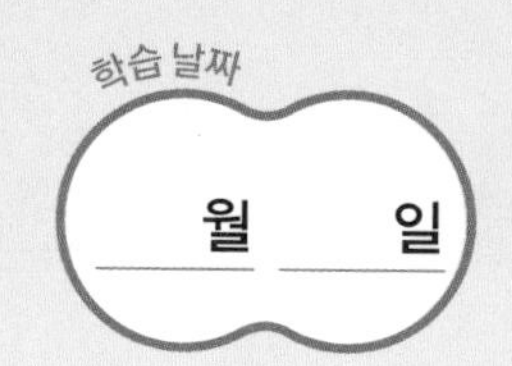

계산을 하시오. (1 ~ 15)

1
$$\begin{array}{r} 110 \\ -\ 54 \\ \hline \square \end{array}$$

2
$$\begin{array}{r} 120 \\ -\ 43 \\ \hline \square \end{array}$$

3
$$\begin{array}{r} 130 \\ -\ 32 \\ \hline \square \end{array}$$

4
$$\begin{array}{r} 140 \\ -\ 78 \\ \hline \square \end{array}$$

5
$$\begin{array}{r} 150 \\ -\ 55 \\ \hline \square \end{array}$$

6
$$\begin{array}{r} 160 \\ -\ 61 \\ \hline \square \end{array}$$

7
$$\begin{array}{r} 170 \\ -\ 87 \\ \hline \square \end{array}$$

8
$$\begin{array}{r} 180 \\ -\ 94 \\ \hline \square \end{array}$$

9
$$\begin{array}{r} 190 \\ -\ 99 \\ \hline \square \end{array}$$

10
$$\begin{array}{r} 130 \\ -\ 53 \\ \hline \square \end{array}$$

11
$$\begin{array}{r} 150 \\ -\ 72 \\ \hline \square \end{array}$$

12
$$\begin{array}{r} 160 \\ -\ 88 \\ \hline \square \end{array}$$

13
$$\begin{array}{r} 140 \\ -\ 45 \\ \hline \square \end{array}$$

14
$$\begin{array}{r} 170 \\ -\ 93 \\ \hline \square \end{array}$$

15
$$\begin{array}{r} 180 \\ -\ 81 \\ \hline \square \end{array}$$

계산은 빠르고 정확하게!

걸린 시간	1~10분	10~15분	15~20분
맞은 개수	28~31개	22~27개	1~21개
평가	참 잘했어요.	잘했어요.	좀더 노력해요.

계산을 하시오. (16 ~ 31)

16 $110-49=\square$

17 $140-57=\square$

18 $120-34=\square$

19 $170-85=\square$

20 $140-83=\square$

21 $130-54=\square$

22 $150-73=\square$

23 $140-75=\square$

24 $160-68=\square$

25 $170-94=\square$

26 $180-87=\square$

27 $190-91=\square$

28 $160-83=\square$

29 $150-86=\square$

30 $140-92=\square$

31 $130-57=\square$

1 받아내림이 두 번 있는 (백 몇십)-(두 자리 수) (4)

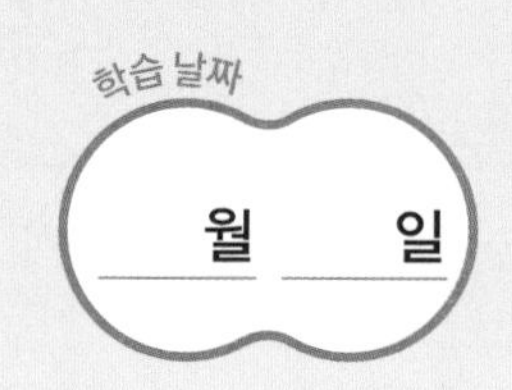

빈 곳에 알맞은 수를 써넣으시오. (1~8)

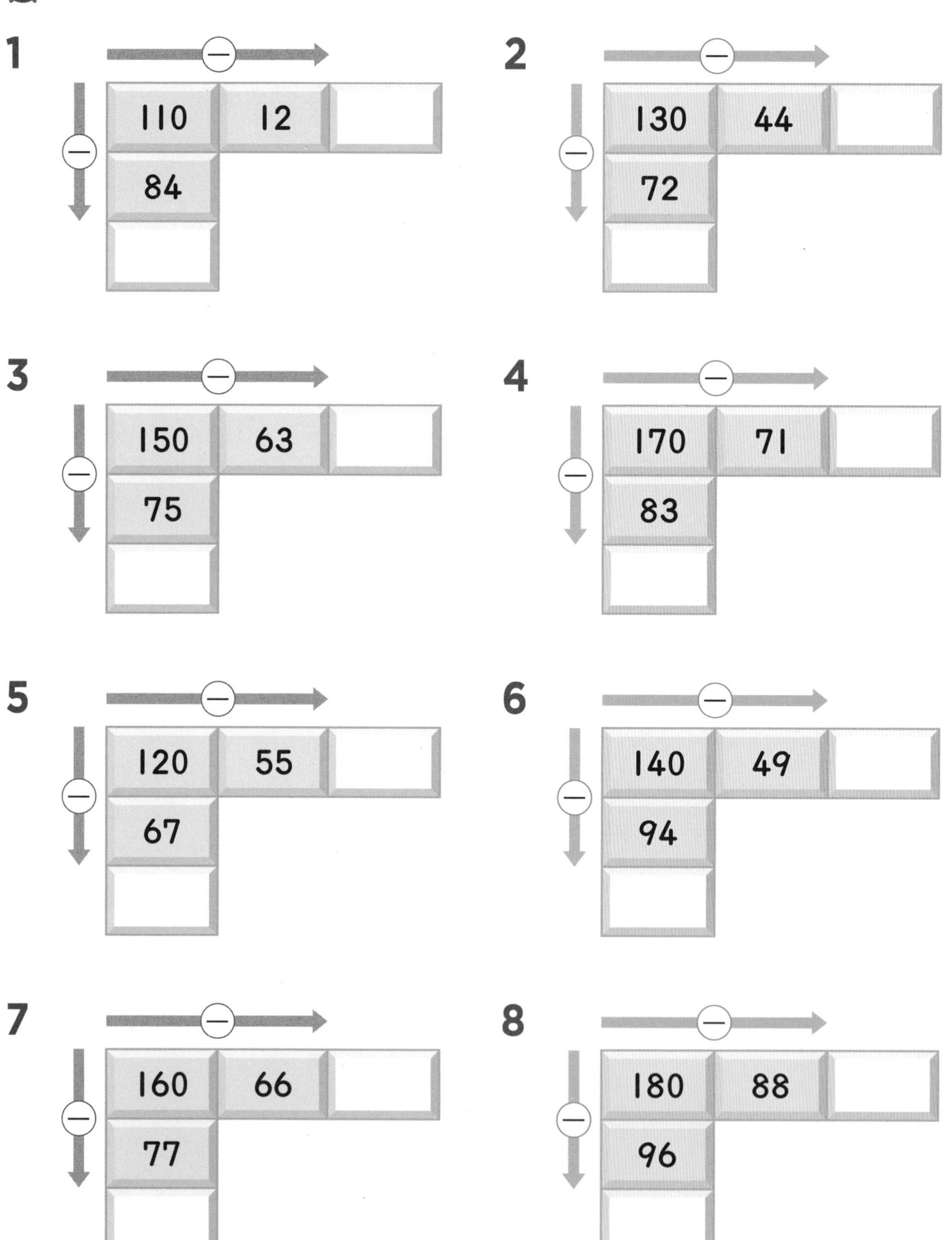

계산은 빠르고 정확하게!

걸린 시간	1~8분	8~12분	12~16분
맞은 개수	15~16개	12~14개	1~11개
평가	참 잘했어요.	잘했어요.	좀더 노력해요.

빈 곳에 알맞은 수를 써넣으시오. (9 ~ 16)

9

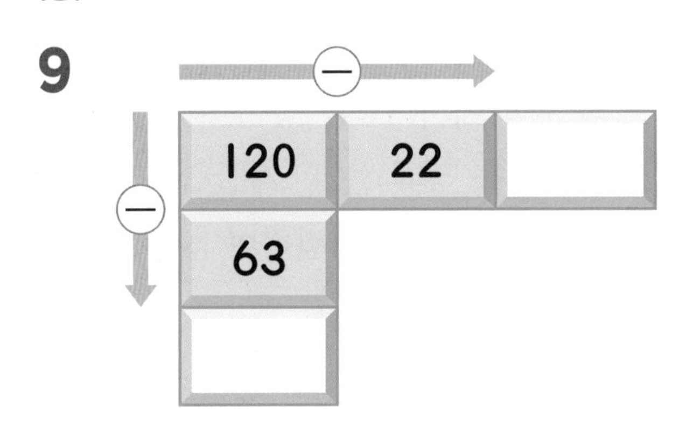

10

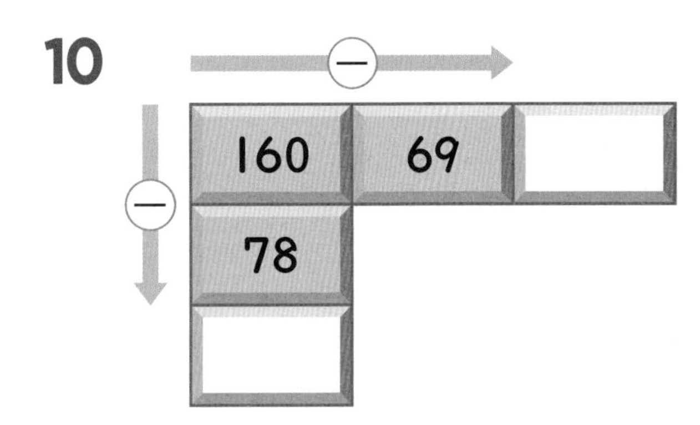

11

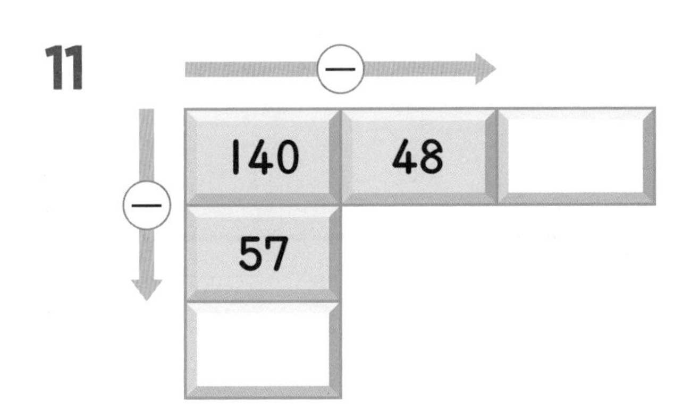

12

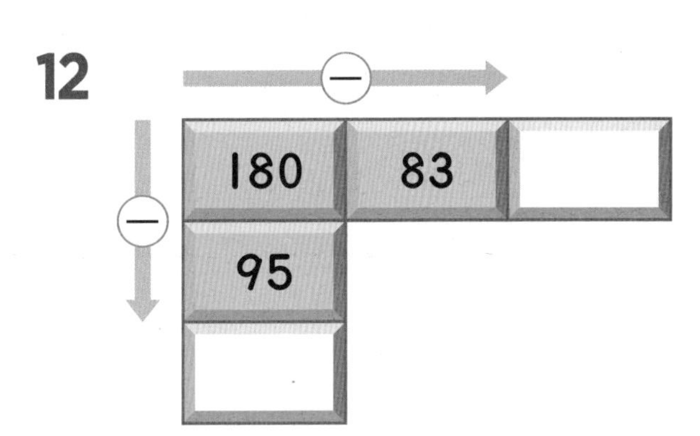

13

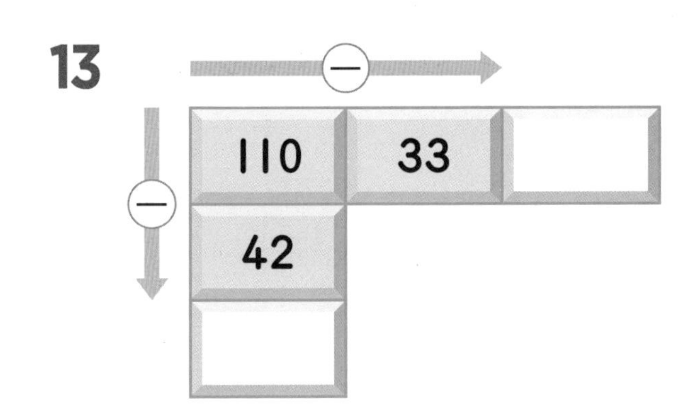

14

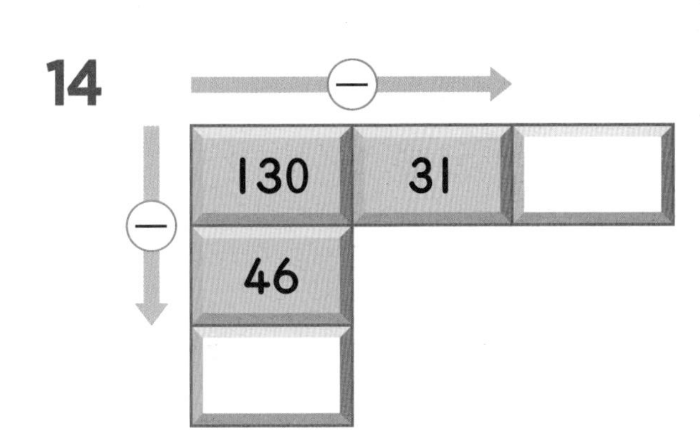

15

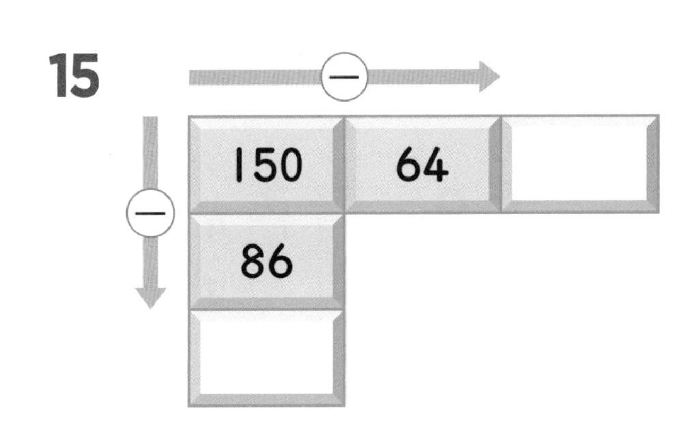

16

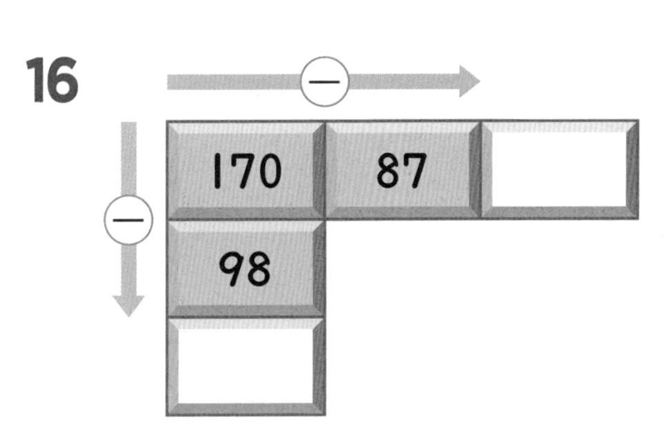

백의 자리 숫자가 1인 (세 자리 수)-(두 자리 수)(1)

124－56의 계산

(1) 일의 자리 숫자끼리 뺄 수 없으므로 십의 자리에서 10을 받아내림하여 십의 자리에는 1 작은 수를, 일의 자리에는 10을 작게 쓴 후 계산합니다.

(2) 십의 자리 숫자끼리 뺄 수 없으므로 백의 자리에서 받아내림하여 십의 자리에 10을 작게 쓴 후 계산합니다.

〈세로셈〉

		11	10
	~~1~~	~~2~~	4
－		5	6
		6	8

〈가로셈〉

11	10							
~~1~~	~~2~~	4	－	5	6	＝	6	8

계산을 하시오. (1~9)

1

	1	1	2
－		3	5

2

	1	2	3
－		5	7

3

	1	3	4
－		6	9

4

	1	4	5
－		7	8

5

	1	5	6
－		6	7

6

	1	6	7
－		8	9

7

	1	7	1
－		7	6

8

	1	3	2
－		8	8

9

	1	4	7
－		7	9

계산은 빠르고 정확하게!

걸린 시간	1~8분	8~12분	12~16분
맞은 개수	22~24개	17~21개	1~16개
평가	참 잘했어요.	잘했어요.	좀더 노력해요.

계산을 하시오. (10 ~ 24)

10
$$\begin{array}{r} 125 \\ -\ \ 49 \\ \hline \end{array}$$

11
$$\begin{array}{r} 134 \\ -\ \ 57 \\ \hline \end{array}$$

12
$$\begin{array}{r} 143 \\ -\ \ 65 \\ \hline \end{array}$$

13
$$\begin{array}{r} 152 \\ -\ \ 58 \\ \hline \end{array}$$

14
$$\begin{array}{r} 161 \\ -\ \ 73 \\ \hline \end{array}$$

15
$$\begin{array}{r} 176 \\ -\ \ 89 \\ \hline \end{array}$$

16
$$\begin{array}{r} 183 \\ -\ \ 86 \\ \hline \end{array}$$

17
$$\begin{array}{r} 146 \\ -\ \ 88 \\ \hline \end{array}$$

18
$$\begin{array}{r} 135 \\ -\ \ 56 \\ \hline \end{array}$$

19
$$\begin{array}{r} 124 \\ -\ \ 78 \\ \hline \end{array}$$

20
$$\begin{array}{r} 113 \\ -\ \ 28 \\ \hline \end{array}$$

21
$$\begin{array}{r} 144 \\ -\ \ 59 \\ \hline \end{array}$$

22
$$\begin{array}{r} 153 \\ -\ \ 67 \\ \hline \end{array}$$

23
$$\begin{array}{r} 168 \\ -\ \ 79 \\ \hline \end{array}$$

24
$$\begin{array}{r} 172 \\ -\ \ 95 \\ \hline \end{array}$$

2 백의 자리 숫자가 1인 (세 자리 수)-(두 자리 수)(2)

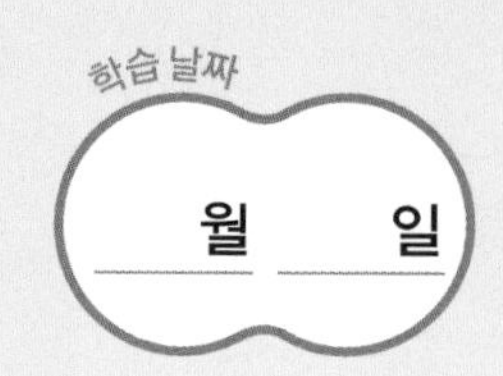

계산을 하시오. (1~16)

1 $136 - 59 =$

2 $151 - 88 =$

3 $117 - 49 =$

4 $125 - 76 =$

5 $164 - 67 =$

6 $115 - 58 =$

7 $162 - 87 =$

8 $123 - 75 =$

9 $137 - 69 =$

10 $124 - 48 =$

11 $142 - 86 =$

12 $173 - 99 =$

13 $135 - 66 =$

14 $114 - 57 =$

15 $111 - 34 =$

16 $143 - 56 =$

걸린 시간	1~10분	10~15분	15~20분
맞은 개수	29~32개	23~28개	1~22개
평가	참 잘했어요.	잘했어요.	좀더 노력해요.

계산을 하시오. (17 ~ 32)

17 135 − 58 =

18 162 − 87 =

19 116 − 47 =

20 124 − 66 =

21 163 − 65 =

22 114 − 59 =

23 161 − 86 =

24 122 − 74 =

25 136 − 47 =

26 125 − 57 =

27 141 − 88 =

28 172 − 89 =

29 134 − 67 =

30 145 − 58 =

31 121 − 45 =

32 138 − 79 =

백의 자리 숫자가 1인 (세 자리 수)-(두 자리 수)(3)

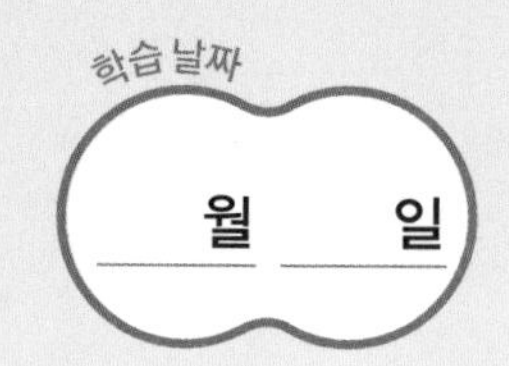

계산을 하시오. (1 ~ 15)

1
$$\begin{array}{r} 114 \\ -\ \ 79 \\ \hline \square \end{array}$$

2
$$\begin{array}{r} 122 \\ -\ \ 57 \\ \hline \square \end{array}$$

3
$$\begin{array}{r} 181 \\ -\ \ 93 \\ \hline \square \end{array}$$

4
$$\begin{array}{r} 108 \\ -\ \ 29 \\ \hline \square \end{array}$$

5
$$\begin{array}{r} 145 \\ -\ \ 48 \\ \hline \square \end{array}$$

6
$$\begin{array}{r} 127 \\ -\ \ 39 \\ \hline \square \end{array}$$

7
$$\begin{array}{r} 125 \\ -\ \ 87 \\ \hline \square \end{array}$$

8
$$\begin{array}{r} 143 \\ -\ \ 79 \\ \hline \square \end{array}$$

9
$$\begin{array}{r} 154 \\ -\ \ 66 \\ \hline \square \end{array}$$

10
$$\begin{array}{r} 133 \\ -\ \ 58 \\ \hline \square \end{array}$$

11
$$\begin{array}{r} 161 \\ -\ \ 74 \\ \hline \square \end{array}$$

12
$$\begin{array}{r} 126 \\ -\ \ 99 \\ \hline \square \end{array}$$

13
$$\begin{array}{r} 153 \\ -\ \ 69 \\ \hline \square \end{array}$$

14
$$\begin{array}{r} 116 \\ -\ \ 47 \\ \hline \square \end{array}$$

15
$$\begin{array}{r} 115 \\ -\ \ 96 \\ \hline \square \end{array}$$

걸린 시간	1~10분	10~15분	15~20분
맞은 개수	29~31개	23~28개	1~22개
평가	참 잘했어요.	잘했어요.	좀더 노력해요.

계산을 하시오. (16 ~ 31)

16 $117-49=\square$

17 $126-67=\square$

18 $135-58=\square$

19 $141-87=\square$

20 $153-75=\square$

21 $162-76=\square$

22 $174-86=\square$

23 $187-89=\square$

24 $116-38=\square$

25 $124-57=\square$

26 $131-93=\square$

27 $144-69=\square$

28 $152-78=\square$

29 $167-78=\square$

30 $163-67=\square$

31 $178-99=\square$

백의 자리 숫자가 1인 (세 자리 수)-(두 자리 수)(4)

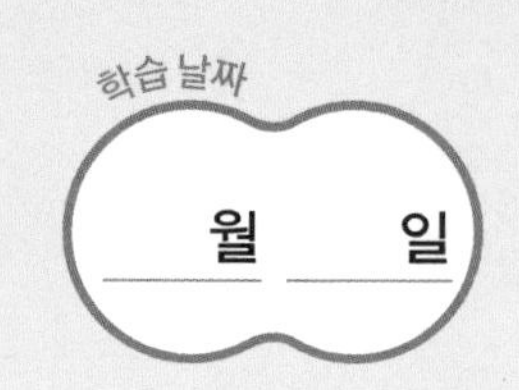

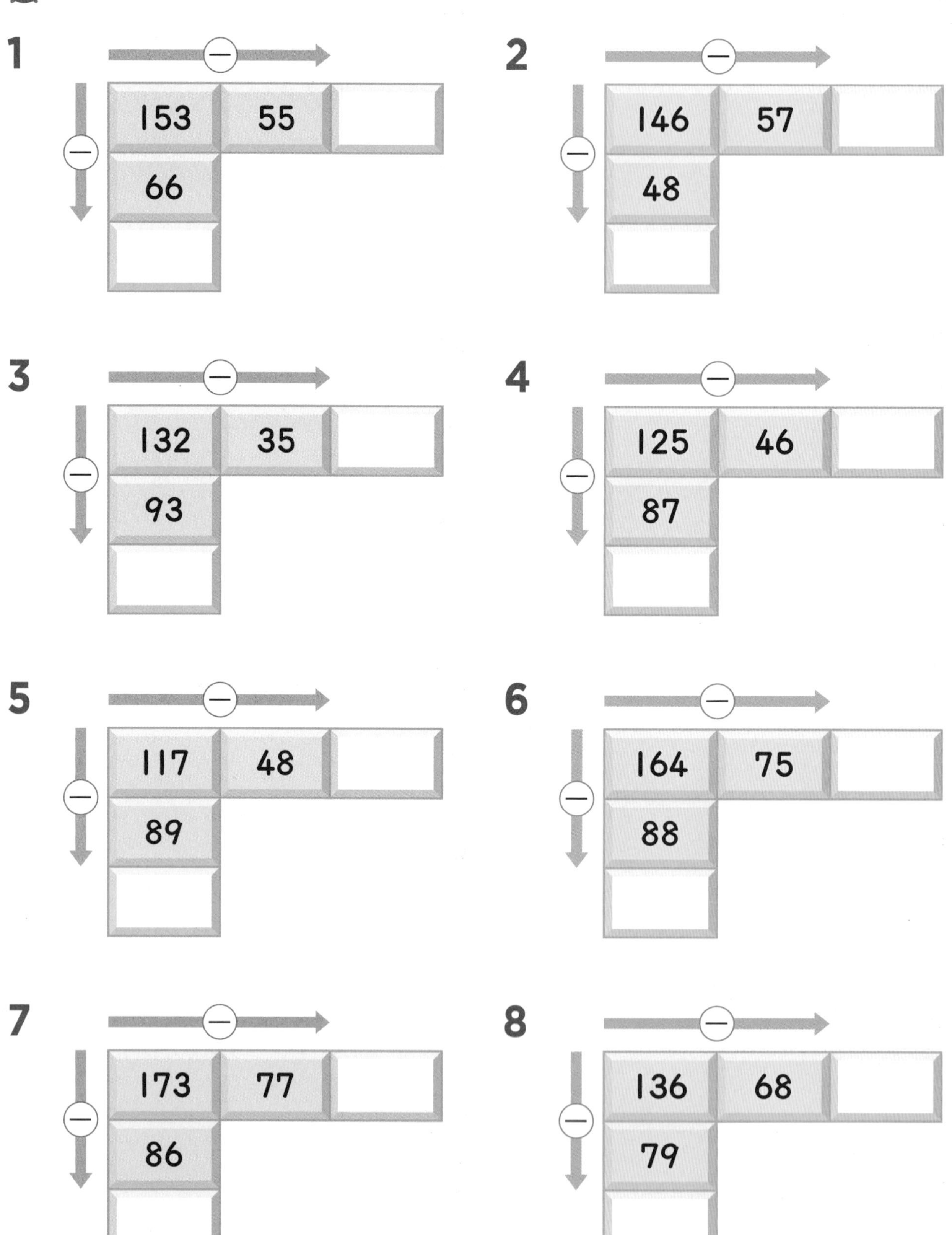

계산은 빠르고 정확하게!

걸린 시간	1~8분	8~12분	12~16분
맞은 개수	15~16개	12~14개	1~11개
평가	참 잘했어요.	잘했어요.	좀더 노력해요.

빈 곳에 알맞은 수를 써넣으시오. (9 ~ 16)

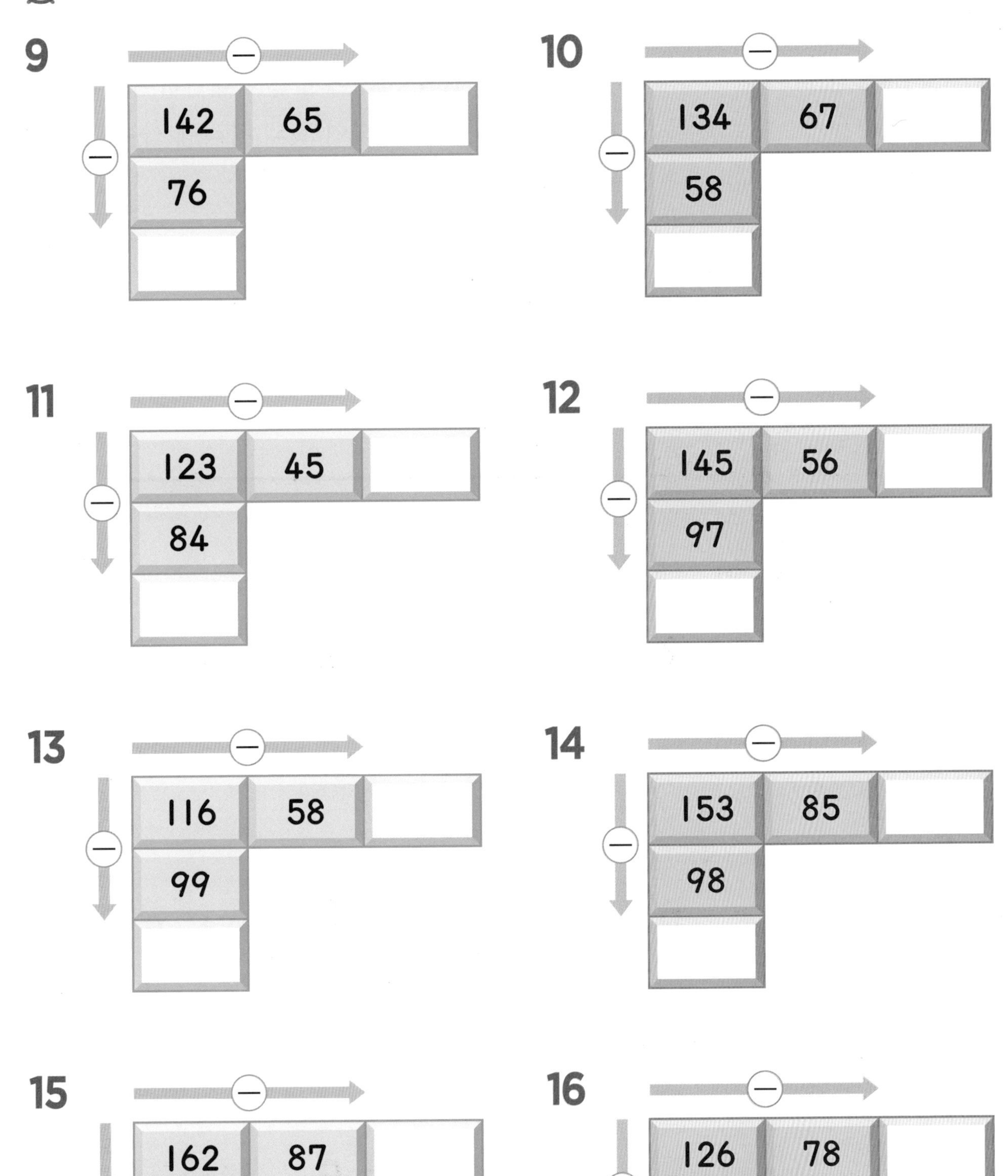

3 받아내림이 두 번 있는 100－(두 자리 수)(1)

100－43의 계산

(1) 일의 자리 숫자끼리 뺄 수 없으므로 백의 자리에서 받아내림하여 십의 자리에 **9**, 일의 자리에 **10**을 작게 쓴 후 계산하여 일의 자리에 씁니다.

(2) 십의 자리 숫자끼리 계산하여 십의 자리에 씁니다.

〈세로셈〉

		9	10
	~~1~~	0	0
－		4	3
		5	7

〈가로셈〉

	9	10						
~~1~~	0	0	－	4	3	＝	5	7

계산을 하시오. (1~9)

1

	1	0	0
－		2	4

2

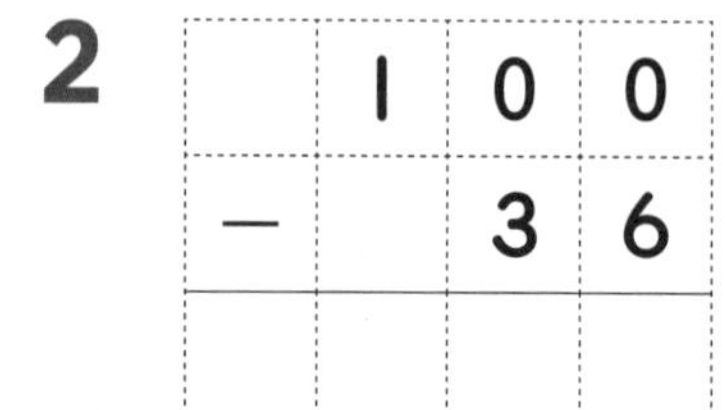

	1	0	0
－		3	6

3

	1	0	0
－		1	3

4

	1	0	0
－		2	7

5

	1	0	0
－		4	1

6

	1	0	0
－		5	2

7

	1	0	0
－		4	5

8

	1	0	0
－		5	8

9

	1	0	0
－		6	9

계산은 빠르고 정확하게!

걸린 시간	1~6분	6~9분	9~12분
맞은 개수	22~24개	17~21개	1~16개
평가	참 잘했어요.	잘했어요.	좀더 노력해요.

계산을 하시오. (10 ~ 24)

10 $\begin{array}{r} 100 \\ -\ 21 \\ \hline \end{array}$

11 $\begin{array}{r} 100 \\ -\ 13 \\ \hline \end{array}$

12 $\begin{array}{r} 100 \\ -\ 32 \\ \hline \end{array}$

13 $\begin{array}{r} 100 \\ -\ 45 \\ \hline \end{array}$

14 $\begin{array}{r} 100 \\ -\ 54 \\ \hline \end{array}$

15 $\begin{array}{r} 100 \\ -\ 65 \\ \hline \end{array}$

16 $\begin{array}{r} 100 \\ -\ 56 \\ \hline \end{array}$

17 $\begin{array}{r} 100 \\ -\ 67 \\ \hline \end{array}$

18 $\begin{array}{r} 100 \\ -\ 76 \\ \hline \end{array}$

19 $\begin{array}{r} 100 \\ -\ 89 \\ \hline \end{array}$

20 $\begin{array}{r} 100 \\ -\ 98 \\ \hline \end{array}$

21 $\begin{array}{r} 100 \\ -\ 71 \\ \hline \end{array}$

22 $\begin{array}{r} 100 \\ -\ 25 \\ \hline \end{array}$

23 $\begin{array}{r} 100 \\ -\ 63 \\ \hline \end{array}$

24 $\begin{array}{r} 100 \\ -\ 94 \\ \hline \end{array}$

3 받아내림이 두 번 있는 100−(두 자리 수)(2)

계산을 하시오. (1~16)

1 $100-31=$

2 $100-42=$

3 $100-53=$

4 $100-64=$

5 $100-75=$

6 $100-86=$

7 $100-27=$

8 $100-18=$

9 $100-92=$

10 $100-83=$

11 $100-74=$

12 $100-65=$

13 $100-56=$

14 $100-47=$

15 $100-38=$

16 $100-29=$

계산은 빠르고 정확하게!

걸린 시간	1~8분	8~12분	12~16분
맞은 개수	29~32개	23~28개	1~22개
평가	참 잘했어요.	잘했어요.	좀더 노력해요.

계산을 하시오. (17 ~ 32)

17 $100-13=$

18 $100-24=$

19 $100-35=$

20 $100-46=$

21 $100-57=$

22 $100-68=$

23 $100-79=$

24 $100-81=$

25 $100-93=$

26 $100-84=$

27 $100-73=$

28 $100-66=$

29 $100-58=$

30 $100-49=$

31 $100-37=$

32 $100-28=$

3 받아내림이 두 번 있는 100－(두 자리 수)(3)

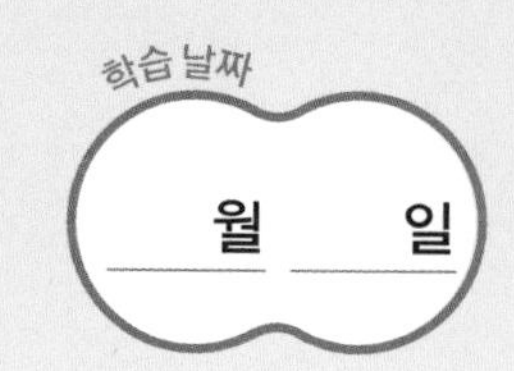

계산을 하시오. (1~15)

1
$$\begin{array}{r} 100 \\ -\ \ 19 \\ \hline \square \end{array}$$

2
$$\begin{array}{r} 100 \\ -\ \ 28 \\ \hline \square \end{array}$$

3
$$\begin{array}{r} 100 \\ -\ \ 37 \\ \hline \square \end{array}$$

4
$$\begin{array}{r} 100 \\ -\ \ 46 \\ \hline \square \end{array}$$

5
$$\begin{array}{r} 100 \\ -\ \ 55 \\ \hline \square \end{array}$$

6
$$\begin{array}{r} 100 \\ -\ \ 64 \\ \hline \square \end{array}$$

7
$$\begin{array}{r} 100 \\ -\ \ 73 \\ \hline \square \end{array}$$

8
$$\begin{array}{r} 100 \\ -\ \ 82 \\ \hline \square \end{array}$$

9
$$\begin{array}{r} 100 \\ -\ \ 91 \\ \hline \square \end{array}$$

10
$$\begin{array}{r} 100 \\ -\ \ 53 \\ \hline \square \end{array}$$

11
$$\begin{array}{r} 100 \\ -\ \ 65 \\ \hline \square \end{array}$$

12
$$\begin{array}{r} 100 \\ -\ \ 74 \\ \hline \square \end{array}$$

13
$$\begin{array}{r} 100 \\ -\ \ 86 \\ \hline \square \end{array}$$

14
$$\begin{array}{r} 100 \\ -\ \ 97 \\ \hline \square \end{array}$$

15
$$\begin{array}{r} 100 \\ -\ \ 39 \\ \hline \square \end{array}$$

걸린 시간	1~8분	8~12분	12~16분
맞은 개수	28~31개	22~27개	1~21개
평가	참 잘했어요.	잘했어요.	좀더 노력해요.

계산을 하시오. (16 ~ 31)

16 $100-18=\square$

17 $100-27=\square$

18 $100-36=\square$

19 $100-45=\square$

20 $100-54=\square$

21 $100-63=\square$

22 $100-72=\square$

23 $100-81=\square$

24 $100-52=\square$

25 $100-66=\square$

26 $100-75=\square$

27 $100-83=\square$

28 $100-92=\square$

29 $100-47=\square$

30 $100-38=\square$

31 $100-84=\square$

받아내림이 두 번 있는 100−(두 자리 수)(4)

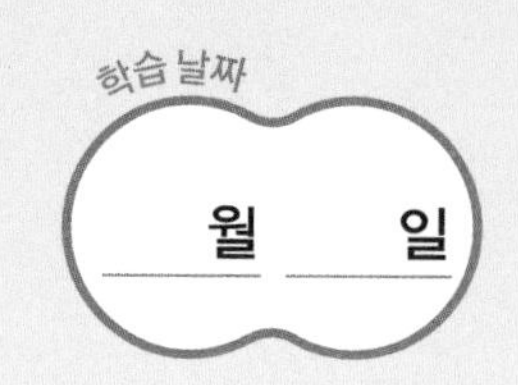

빈 곳에 알맞은 수를 써넣으시오. (1~8)

1

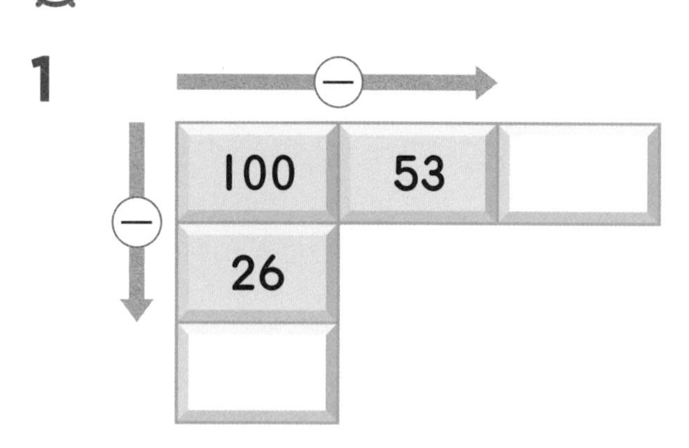

2

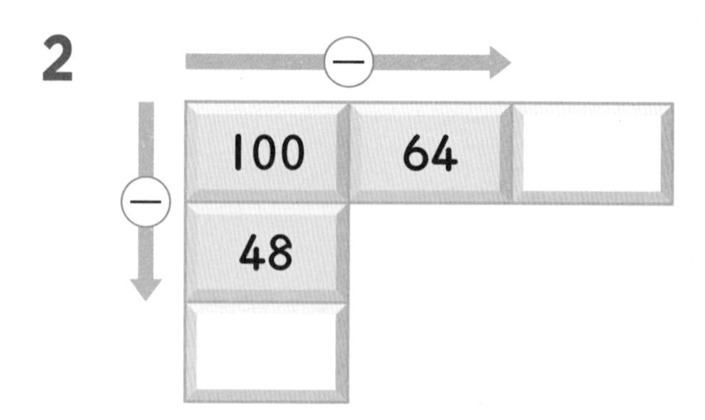

3

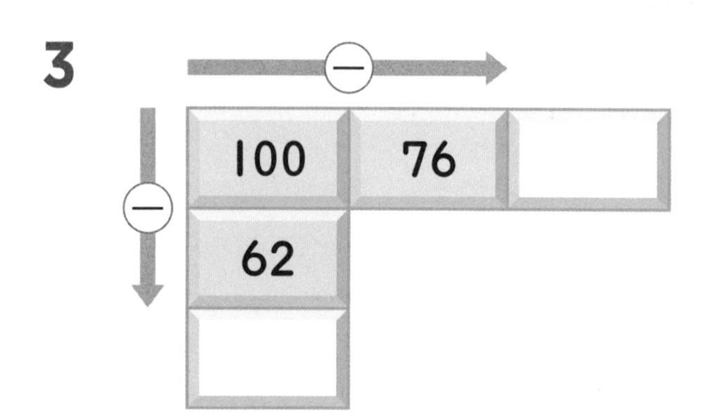

4

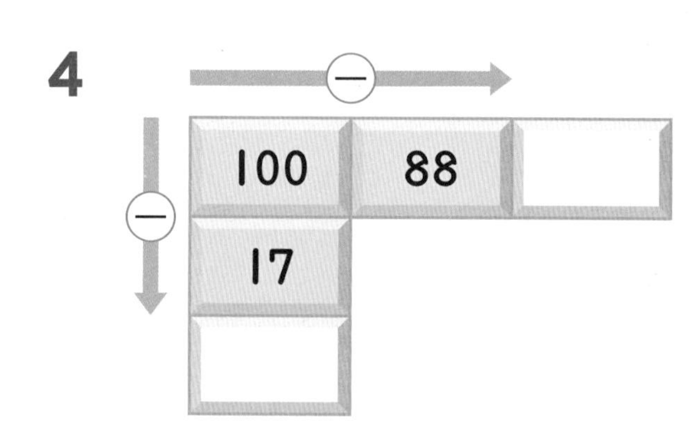

5

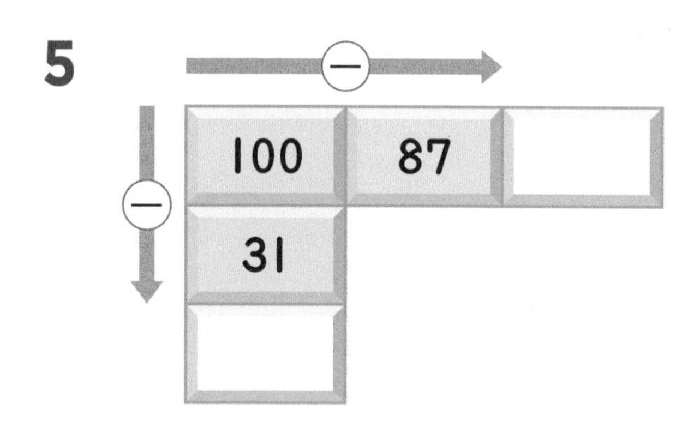

6

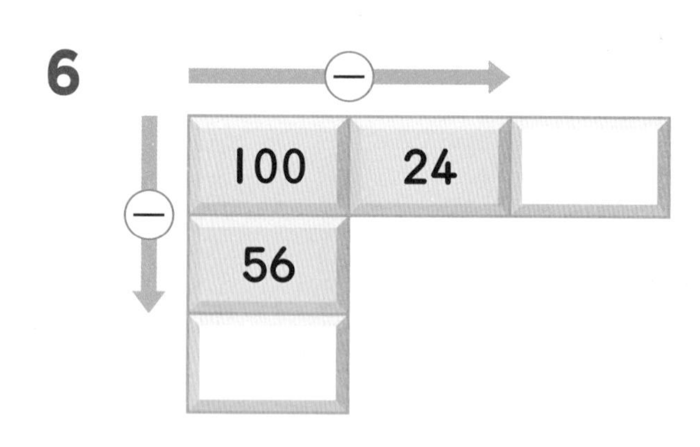

7

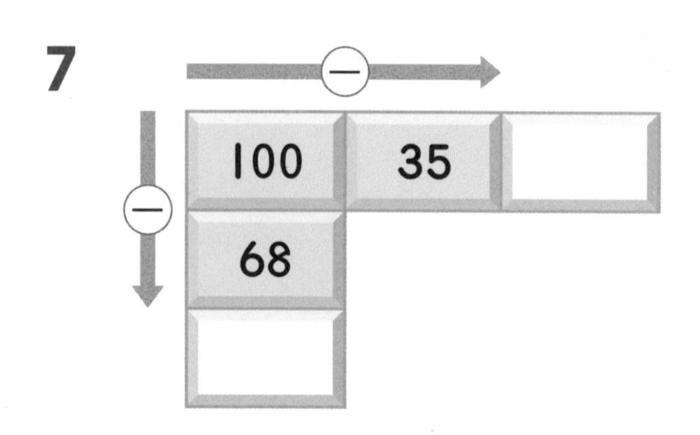

8

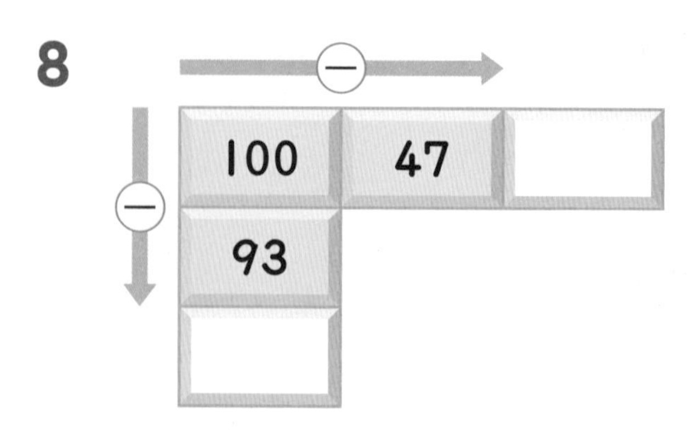

계산은 빠르고 정확하게!

걸린 시간	1~6분	6~9분	9~12분
맞은 개수	15~16개	12~14개	1~11개
평가	참 잘했어요.	잘했어요.	좀더 노력해요.

빈 곳에 알맞은 수를 써넣으시오. (9 ~ 16)

9

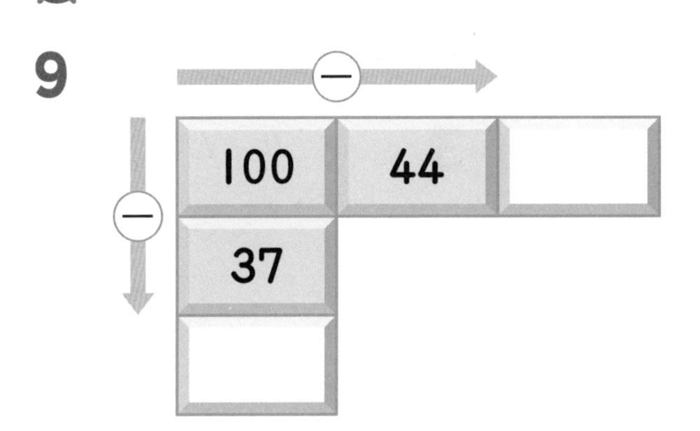

10

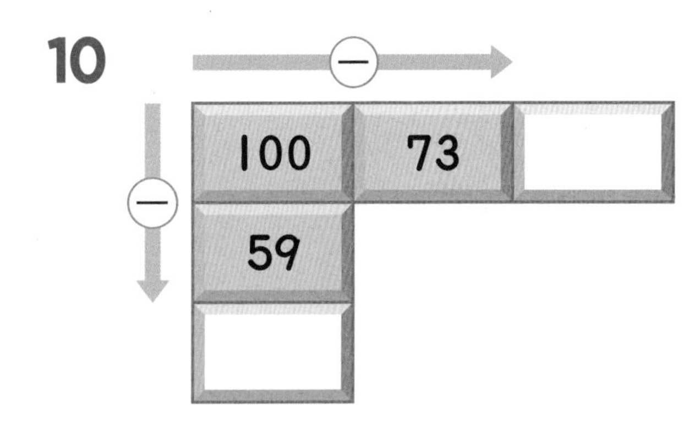

11

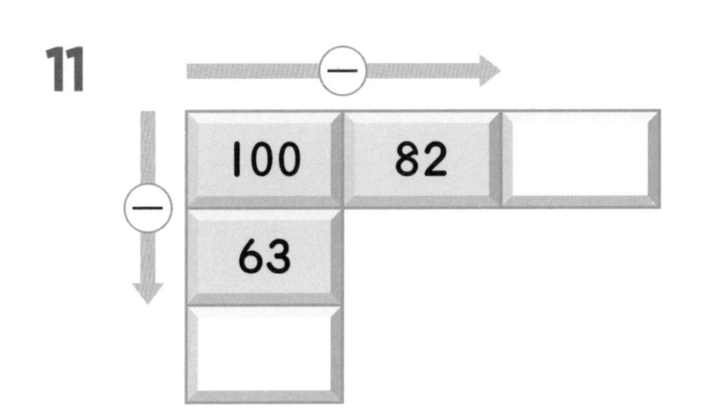

12

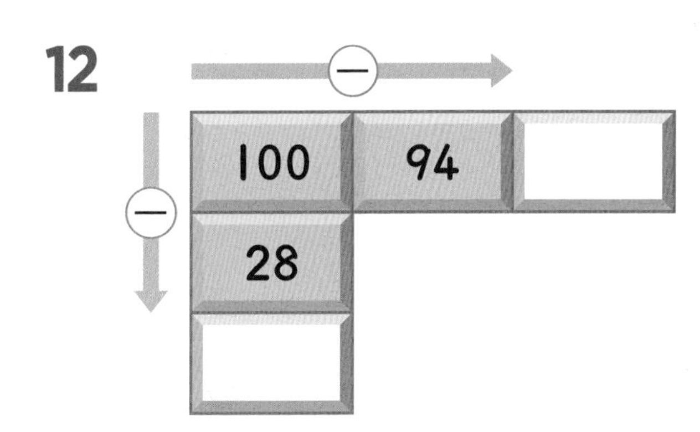

13

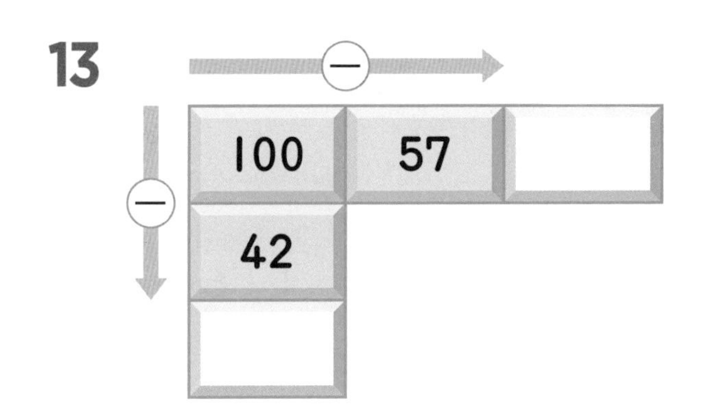

14

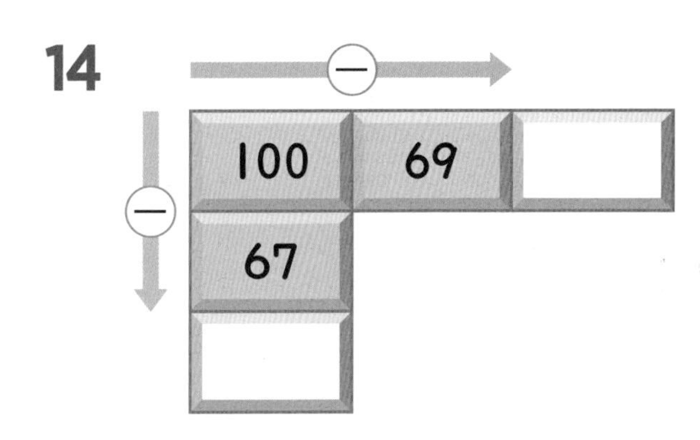

15

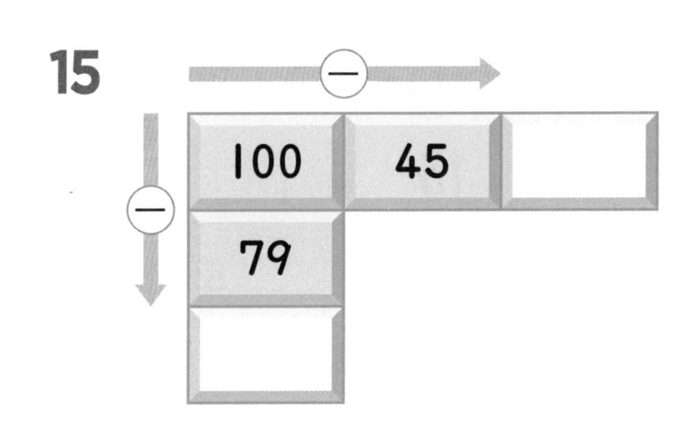

16

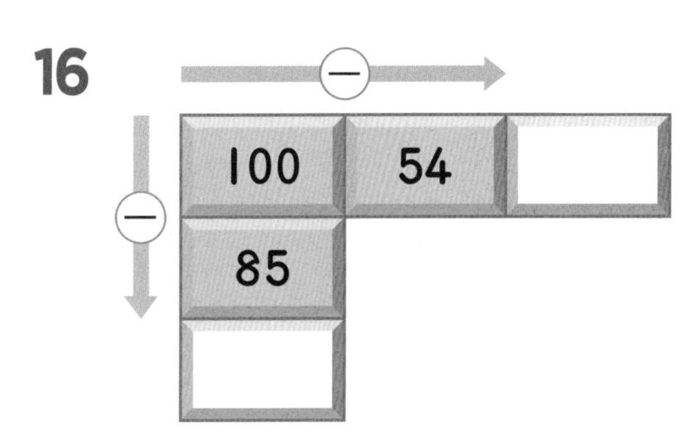

4 신기한 연산

빼셈식이 성립하도록 □ 안에 알맞은 수를 써넣으시오. (1~15)

1

$$\begin{array}{r} 1\ 2\ 4 \\ -\quad 5\ \square \\ \hline \square\ 5 \end{array}$$

2

$$\begin{array}{r} 1\ 3\ 6 \\ -\quad 7\ \square \\ \hline \square\ 8 \end{array}$$

3

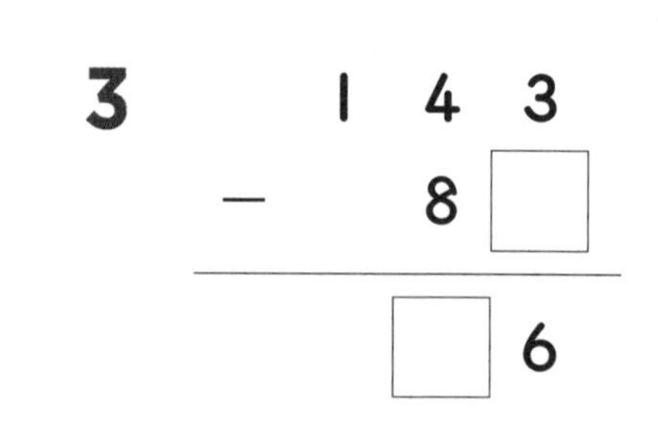

$$\begin{array}{r} 1\ 4\ 3 \\ -\quad 8\ \square \\ \hline \square\ 6 \end{array}$$

4

$$\begin{array}{r} 1\ 0\ 0 \\ -\quad \square\ \square \\ \hline 7\ 6 \end{array}$$

5

$$\begin{array}{r} 1\ 0\ 0 \\ -\quad \square\ \square \\ \hline 6\ 5 \end{array}$$

6

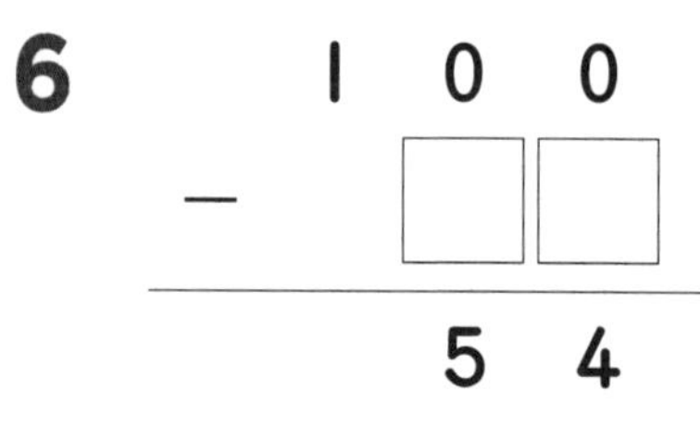

$$\begin{array}{r} 1\ 0\ 0 \\ -\quad \square\ \square \\ \hline 5\ 4 \end{array}$$

7

$$\begin{array}{r} 1\ \square\ 2 \\ -\quad 5\ \square \\ \hline 6\ 6 \end{array}$$

8

$$\begin{array}{r} 1\ \square\ 3 \\ -\quad 4\ \square \\ \hline 6\ 5 \end{array}$$

9

$$\begin{array}{r} 1\ \square\ 4 \\ -\quad 6\ \square \\ \hline 7\ 5 \end{array}$$

10

$$\begin{array}{r} 1\ 5\ \square \\ -\quad \square\ 3 \\ \hline 7\ 9 \end{array}$$

11

$$\begin{array}{r} 1\ 4\ \square \\ -\quad \square\ 4 \\ \hline 4\ 7 \end{array}$$

12

$$\begin{array}{r} 1\ 6\ \square \\ -\quad \square\ 5 \\ \hline 7\ 8 \end{array}$$

13

$$\begin{array}{r} 1\ \square\ 0 \\ -\quad 6\ \square \\ \hline 6\ 6 \end{array}$$

14

$$\begin{array}{r} 1\ \square\ 0 \\ -\quad 7\ \square \\ \hline 7\ 8 \end{array}$$

15

$$\begin{array}{r} 1\ \square\ 0 \\ -\quad 8\ \square \\ \hline 8\ 9 \end{array}$$

걸린 시간	1~12분	12~18분	18~24분
맞은 개수	18~19개	14~17개	1~13개
평가	참 잘했어요.	잘했어요.	좀더 노력해요.

주어진 숫자 카드 중 **4**장을 뽑아 □ 안에 넣어 두 수의 차가 가장 큰 경우와 두 수의 차가 가장 작은 경우를 각각 구하시오. **(16 ~ 19)**

16

차가 가장 큰 때

1□□ − □□ = □

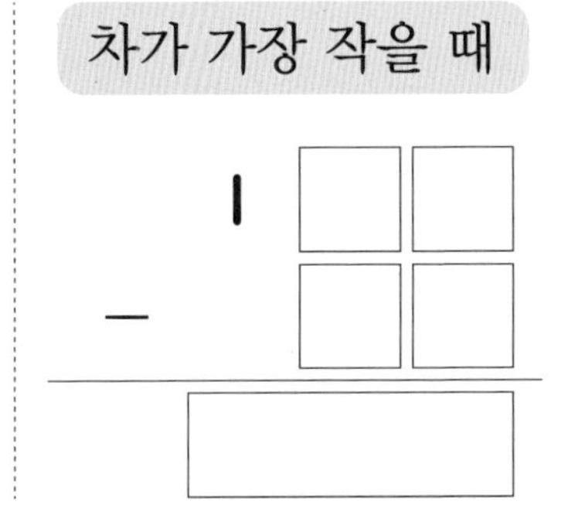

17

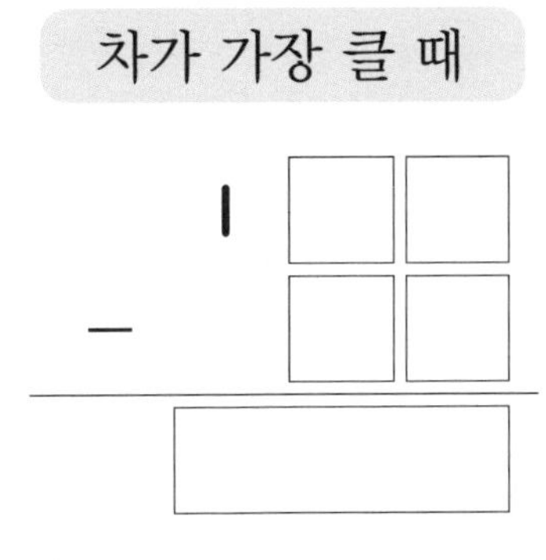

18

차가 가장 클 때

1□□ − □□ = □

19

차가 가장 작을 때

1□□ − □□ = □

확인 평가

계산을 하시오. (1 ~ 15)

1

	1	3	0
−		4	7

2

	1	5	0
−		8	3

3

	1	1	0
−		9	3

4

	1	2	6
−		5	7

5

	1	1	5
−		8	6

6

	1	3	4
−		7	6

7

	1	4	2
−		5	5

8

	1	5	3
−		6	7

9

	1	6	1
−		9	4

10

	1	0	0
−		2	6

11

	1	0	0
−		4	1

12

	1	0	0
−		3	8

13

	1	0	0
−		1	5

14

	1	0	0
−		8	4

15

	1	0	0
−		9	8

걸린 시간	1~15분	15~20분	20~25분
맞은 개수	45~50개	35~44개	1~34개
평가	참 잘했어요.	잘했어요.	좀더 노력해요.

계산을 하시오. (16 ~ 31)

16 $120 - 85 =$

17 $130 - 44 =$

18 $140 - 63 =$

19 $150 - 88 =$

20 $160 - 61 =$

21 $170 - 99 =$

22 $132 - 93 =$

23 $117 - 89 =$

24 $125 - 87 =$

25 $143 - 76 =$

26 $151 - 72 =$

27 $164 - 96 =$

28 $100 - 36 =$

29 $100 - 85 =$

30 $100 - 44 =$

31 $100 - 57 =$

확인 평가

계산을 하시오. (32 ~ 50)

32
$$\begin{array}{r} 140 \\ -\ \ 86 \\ \hline \square \end{array}$$

33
$$\begin{array}{r} 150 \\ -\ \ 74 \\ \hline \square \end{array}$$

34
$$\begin{array}{r} 160 \\ -\ \ 92 \\ \hline \square \end{array}$$

35
$$\begin{array}{r} 113 \\ -\ \ 59 \\ \hline \square \end{array}$$

36
$$\begin{array}{r} 134 \\ -\ \ 87 \\ \hline \square \end{array}$$

37
$$\begin{array}{r} 155 \\ -\ \ 99 \\ \hline \square \end{array}$$

38
$$\begin{array}{r} 100 \\ -\ \ 33 \\ \hline \square \end{array}$$

39
$$\begin{array}{r} 100 \\ -\ \ 45 \\ \hline \square \end{array}$$

40
$$\begin{array}{r} 100 \\ -\ \ 87 \\ \hline \square \end{array}$$

41 $110-27=\square$

42 $130-54=\square$

43 $126-87=\square$

44 $144-99=\square$

45 $100-38=\square$

46 $100-61=\square$

47 $140-42=\square$

48 $150-76=\square$

49 $143-66=\square$

50 $155-89=\square$

3

덧셈과 뺄셈의 관계

1 덧셈식을 보고 뺄셈식 만들기(1)

16+25=41을 뺄셈식으로 만들기

16	25

41

16+25=41 → 41−16=25, 41−25=16

➡ 하나의 덧셈식을 **2**개의 뺄셈식으로 나타낼 수 있습니다.

그림을 보고 □ 안에 알맞은 수를 써넣으시오. **(1~5)**

1

36	27

63

36+27=63 → □−36=27, □−27=36

2

48	46

94

48+46=94 → □−48=□, □−46=□

3

54	18

72

54+18=72 → □−54=□, □−18=□

4

34	48

82

34+48=82 → □−□=48, □−□=34

5

59	35

94

59+35=94 → □−□=35, □−□=59

걸린 시간	1~4분	4~6분	6~8분
맞은 개수	14~15개	11~13개	1~10개
평가	참 잘했어요.	잘했어요.	좀더 노력해요.

덧셈식을 뺄셈식으로 나타내시오. (6 ~ 15)

6 $16+15=31$

$31-\square=\square$

$31-\square=\square$

7 $38+24=62$

$62-\square=\square$

$62-\square=\square$

8 $33+18=51$

$51-\square=\square$

$51-\square=\square$

9 $14+36=50$

$50-\square=\square$

$50-\square=\square$

10 $38+29=67$

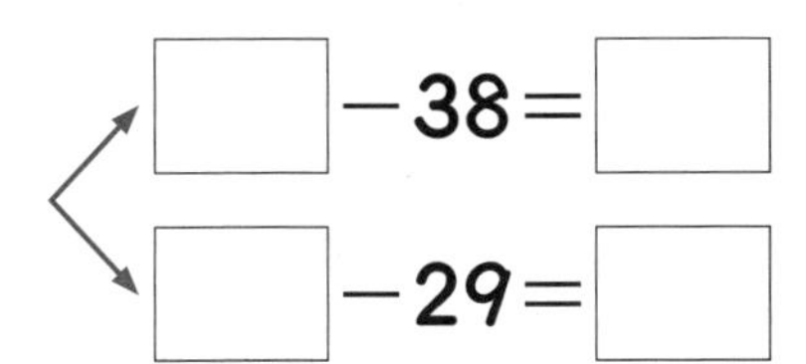

$\square-38=\square$

$\square-29=\square$

11 $69+28=97$

$\square-69=\square$

$\square-28=\square$

12 $55+26=81$

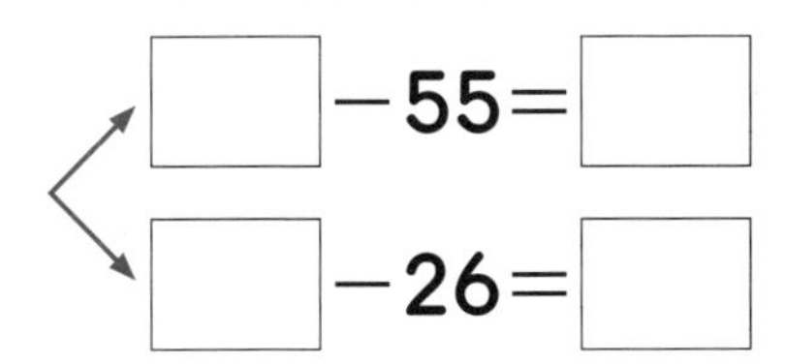

$\square-55=\square$

$\square-26=\square$

13 $25+47=72$

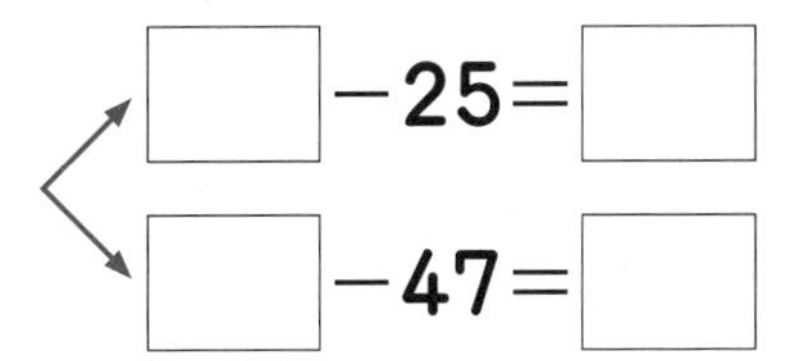

$\square-25=\square$

$\square-47=\square$

14 $48+33=81$

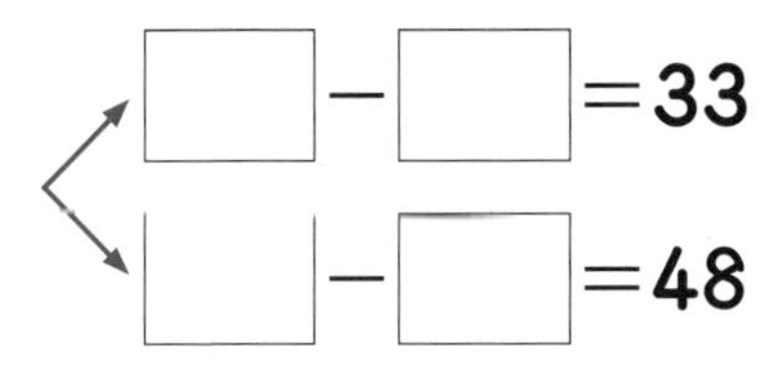

$\square-\square=33$

$\square-\square=48$

15 $58+28=86$

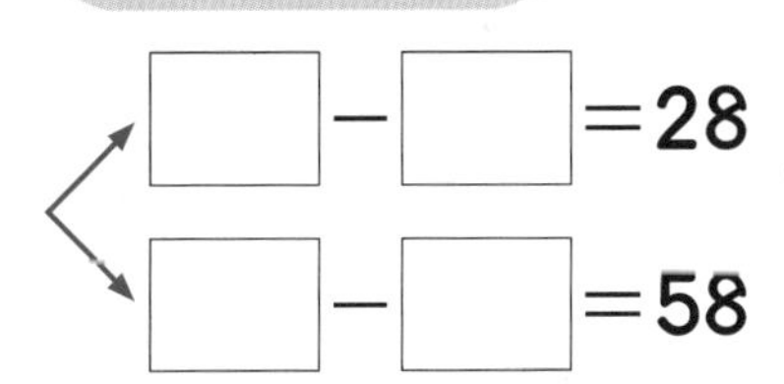

$\square-\square=28$

$\square-\square=58$

덧셈식을 보고 뺄셈식 만들기(2)

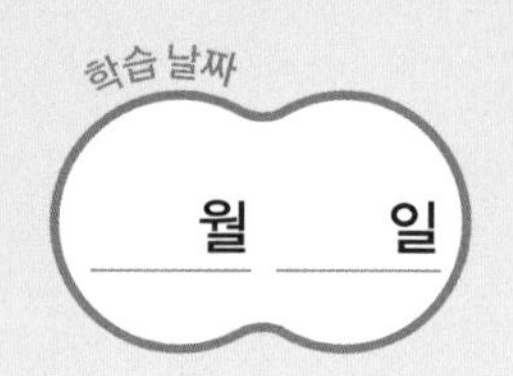

세 장의 수 카드를 모두 사용하여 덧셈식을 만들고 뺄셈식 2개로 나타내시오. (1~6)

1 16, 27, 43 → 16 + ☐ = ☐ → ☐ − 16 = ☐, ☐ − ☐ = 16

2 24, 62, 38 → 24 + ☐ = ☐ → ☐ − 24 = ☐, ☐ − ☐ = 24

3 72, 29, 43 → 29 + ☐ = ☐ → ☐ − 29 = ☐, ☐ − ☐ = 29

4 23, 58, 81 → ☐ + 23 = ☐ → ☐ − 23 = ☐, ☐ − ☐ = 23

5 47, 75, 28 → ☐ + 28 = ☐ → ☐ − 28 = ☐, ☐ − ☐ = 28

6 84, 29, 55 → ☐ + 55 = ☐ → ☐ − 55 = ☐, ☐ − ☐ = 55

계산은 빠르고 정확하게!

걸린 시간	1~4분	4~6분	6~8분
맞은 개수	11~12개	8~10개	1~7개
평가	참 잘했어요.	잘했어요.	좀더 노력해요.

세 장의 수 카드를 모두 사용하여 덧셈식을 만들고 뺄셈식 2개로 나타내시오. (7 ~ 12)

7 43 78 121 ➡ 43 + ☐ = ☐ → ☐ − 43 = ☐, ☐ − ☐ = 43

8 54 142 88 ➡ 54 + ☐ = ☐ → ☐ − 54 = ☐, ☐ − ☐ = 54

9 144 95 49 ➡ 95 + ☐ = ☐ → ☐ − 95 = ☐, ☐ − ☐ = 95

10 63 58 121 ➡ 63 + ☐ = ☐ → ☐ − 63 = ☐, ☐ − ☐ = 63

11 76 134 58 ➡ 76 + ☐ = ☐ → ☐ − 76 = ☐, ☐ − ☐ = 76

12 183 95 88 ➡ 95 + ☐ = ☐ → ☐ − 95 = ☐, ☐ − ☐ = 95

2 뺄셈식을 보고 덧셈식 만들기(1)

63－25＝38을 덧셈식으로 만들기

➡ 하나의 뺄셈식을 2개의 덧셈식으로 나타낼 수 있습니다.

그림을 보고 □ 안에 알맞은 수를 써넣으시오. (1~5)

1 53 (37, 16)

53－16＝37
- 37＋16＝53
- □＋37＝53

2 63 (38, 25)

63－25＝38
- □＋25＝63
- □＋38＝63

3 71 (27, 44)

71－44＝27
- □＋44＝71
- □＋27＝71

4 54 (16, 38)

54－38＝16
- 16＋□＝54
- 38＋□＝54

5 52 (28, 24)

52－24＝28
- □＋24＝52
- 24＋□＝52

걸린 시간	1~5분	5~8분	8~10분
맞은 개수	14~15개	11~13개	1~10개
평가	참 잘했어요.	잘했어요.	좀더 노력해요.

뺄셈식을 덧셈식으로 나타내시오. (6 ~ 15)

6 $44-16=28$

$28+\square=\square$

$16+\square=\square$

7 $83-66=17$

$\square+66=\square$

$\square+17=\square$

8 $65-18=47$

$47+\square=\square$

$18+\square=\square$

9 $54-39=15$

$\square+39=\square$

$\square+15=\square$

10 $53-29=24$

$24+\square=\square$

$29+\square=\square$

11 $95-28=67$

$\square+28=\square$

$\square+67=\square$

12 $72-25=47$

$47+\square=\square$

$25+\square=\square$

13 $82-27=55$

$\square+27=\square$

$\square+55=\square$

14 $86-19=67$

$\square+\square=86$

$\square+\square=86$

15 $77-48=29$

$\square+\square=77$

$\square+\square=77$

2 뺄셈식을 보고 덧셈식 만들기(2)

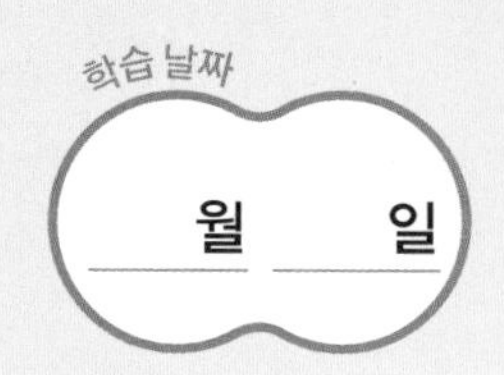

3장의 수 카드를 사용하여 뺄셈식을 만들고 2개의 덧셈식으로 나타내시오. (1~6)

1 62, 25, 37 → □ − 25 = □
- □ + 25 = □
- 25 + □ = □

2 19, 51, 32 → □ − 32 = □
- □ + 32 = □
- 32 + □ = □

3 24, 58, 82 → □ − 24 = □
- □ + 24 = □
- □ + □ = □

4 93, 37, 56 → □ − 56 = □
- □ + 56 = □
- □ + □ = □

5 27, 85, 58 → □ − 27 = □
- 27 + □ = □
- □ + □ = □

6 36, 38, 74 → □ − 38 = □
- 38 + □ = □
- □ + □ = □

계산은 빠르고 정확하게!

걸린 시간	1~4분	4~6분	6~8분
맞은 개수	11~12개	8~10개	1~7개
평가	참 잘했어요.	잘했어요.	좀더 노력해요.

3장의 수 카드를 사용하여 뺄셈식을 만들고 2개의 덧셈식으로 나타내시오. (7 ~ 12)

7

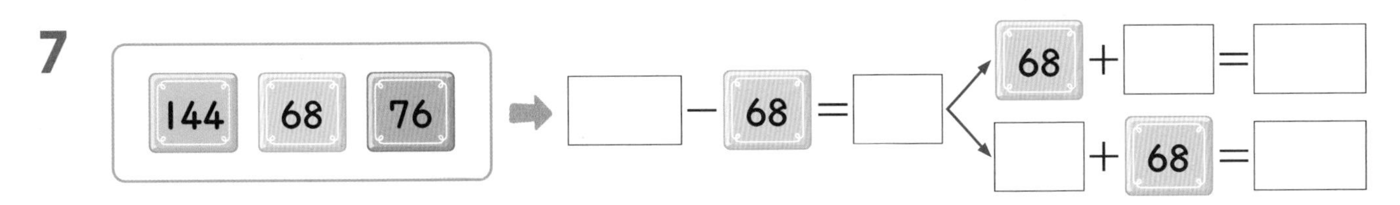

144　68　76 → □ − 68 = □

68 + □ = □

□ + 68 = □

8

53　132　79 → □ − 79 = □

79 + □ = □

□ + 79 = □

9

35　86　121 → □ − 35 = □

□ + 35 = □

□ + □ = □

10

124　88　36 → □ − 88 = □

□ + 88 = □

□ + □ = □

11

87　153　66 → □ − 66 = □

66 + □ = □

□ + □ = □

12

78　67　145 → □ − 78 = □

78 + □ = □

□ + □ = □

덧셈식에서 ■의 값 구하기(1)

★ 16+■=41에서 ■의 값 구하기

16 + ■ = 41

41 − 16 = ■ ➡ ■=25

★ ■+13=32에서 ■의 값 구하기

■ + 13 = 32

32 − 13 = ■ ➡ ■=19

• 덧셈과 뺄셈의 관계를 이용하여 덧셈식에서 ■의 값을 구할 수 있습니다.

□ 안에 알맞은 수를 써넣으시오. (1~6)

1 18 + ■ = 46

□ − □ = ■

➡ ■ = □

2 48 + ■ = 64

□ − □ = ■

➡ ■ = □

3 26+■=80

➡ □ − □ = ■

➡ ■ = □

4 39+■=65

➡ □ − □ = ■

➡ ■ = □

5 35+■=62

➡ □ − □ = ■

➡ ■ = □

6 29+■=81

➡ □ − □ = ■

➡ ■ = □

계산은 빠르고 정확하게!

걸린 시간	1~5분	5~8분	8~10분
맞은 개수	15~16개	12~14개	1~11개
평가	참 잘했어요.	잘했어요.	좀더 노력해요.

□ 안에 알맞은 수를 써넣으시오. (7 ~ 16)

7 ■ + 19 = 35

□ − □ = ■

➡ ■ = □

8 ■ + 66 = 85

□ − □ = ■

➡ ■ = □

9 ■ + 27 = 53

➡ □ − □ = ■

➡ ■ = □

10 ■ + 45 = 62

➡ □ − □ = ■

➡ ■ = □

11 ■ + 23 = 61

➡ □ − □ = ■

➡ ■ = □

12 ■ + 43 = 82

➡ □ − □ = ■

➡ ■ = □

13 ■ + 25 = 72

➡ □ − □ = ■

➡ ■ = □

14 ■ + 33 = 70

➡ □ − □ = ■

➡ ■ = □

15 ■ + 55 = 84

➡ □ − □ = ■

➡ ■ = □

16 ■ + 68 = 95

➡ □ − □ = ■

➡ ■ = □

3 덧셈식에서 ■의 값 구하기 (2)

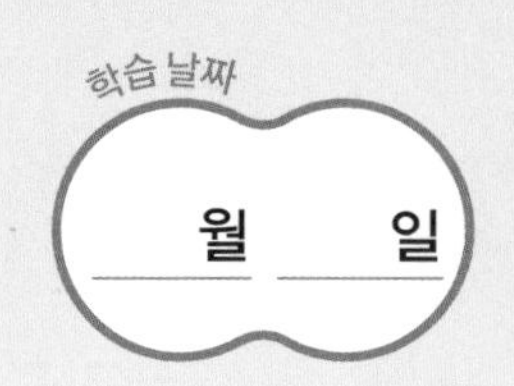

□ 안에 알맞은 수를 써넣으시오. (1~12)

1 42+■=70 ➡ ■=□

2 29+■=51 ➡ ■=□

3 35+■=62 ➡ ■=□

4 17+■=74 ➡ ■=□

5 58+■=75 ➡ ■=□

6 69+■=85 ➡ ■=□

7 36+■=54 ➡ ■=□

8 72+■=91 ➡ ■=□

9 44+■=73 ➡ ■=□

10 56+■=75 ➡ ■=□

11 27+■=95 ➡ ■=□

12 38+■=66 ➡ ■=□

계산은 빠르고 정확하게!

걸린 시간	1~6분	6~9분	9~12분
맞은 개수	22~24개	17~21개	1~16개
평가	참 잘했어요.	잘했어요.	좀더 노력해요.

□ 안에 알맞은 수를 써넣으시오. (13 ~ 24)

13 ● + 29 = 51 ➡ ● = □

14 ● + 17 = 63 ➡ ● = □

15 ● + 47 = 72 ➡ ● = □

16 ● + 33 = 51 ➡ ● = □

17 ● + 38 = 64 ➡ ● = □

18 ● + 56 = 73 ➡ ● = □

19 ● + 42 = 80 ➡ ● = □

20 ● + 29 = 44 ➡ ● = □

21 ● + 65 = 81 ➡ ● = □

22 ● + 53 = 92 ➡ ● = □

23 ● + 77 = 84 ➡ ● = □

24 ● + 68 = 95 ➡ ● = □

3 덧셈식에서 ■의 값 구하기 (3)

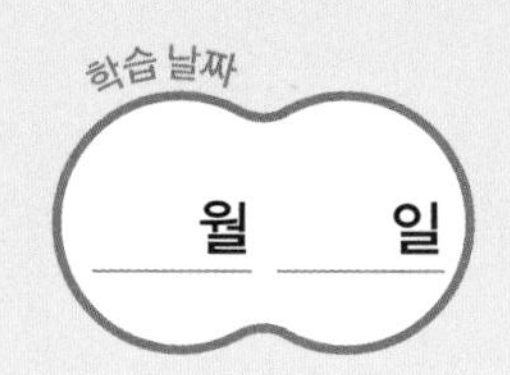

□ 안에 알맞은 수를 써넣으시오. (1 ~ 16)

1 19+□=51

2 47+□=72

3 68+□=86

4 25+□=84

5 55+□=93

6 71+□=90

7 29+□=42

8 57+□=81

9 79+□=97

10 54+□=82

11 17+□=41

12 39+□=56

13 66+□=92

14 36+□=83

15 58+□=93

16 32+□=61

걸린 시간	1~8분	8~12분	12~16분
맞은 개수	29~32개	23~28개	1~22개
평가	참 잘했어요.	잘했어요.	좀더 노력해요.

□ 안에 알맞은 수를 써넣으시오. (17 ~ 32)

17 $\square+19=47$

18 $\square+27=76$

19 $\square+68=85$

20 $\square+26=41$

21 $\square+43=81$

22 $\square+66=94$

23 $\square+28=72$

24 $\square+45=83$

25 $\square+57=80$

26 $\square+24=73$

27 $\square+54=81$

28 $\square+63=91$

29 $\square+27=84$

30 $\square+46=85$

31 $\square+57=93$

32 $\square+47=83$

4 뺄셈식에서 ■의 값 구하기(1)

✿ 24−■=11에서 ■의 값 구하기

24 − ■ = 11

24 − 11 = ■ ➡ ■=13

✿ ■−15=17에서 ■의 값 구하기

■ − 15 = 17

17 + 15 = ■ ➡ ■=32

• 덧셈과 뺄셈의 관계를 이용하여 뺄셈식에서 ■의 값을 구할 수 있습니다.

□ 안에 알맞은 수를 써넣으시오. (1~6)

1 43 − ■ = 16

□ − □ = ■

➡ ■=□

2 56 − ■ = 29

□ − □ = ■

➡ ■=□

3 64−■=47

➡ □ − □ = ■

➡ ■=□

4 53−■=25

➡ □ − □ = ■

➡ ■=□

5 84−■=18

➡ □ − □ = ■

➡ ■=□

6 90−■=36

➡ □ − □ = ■

➡ ■=□

계산은 빠르고 정확하게!

걸린 시간	1~5분	5~8분	8~10분
맞은 개수	15~16개	12~14개	1~11개
평가	참 잘했어요.	잘했어요.	좀더 노력해요.

□ 안에 알맞은 수를 써넣으시오. (7 ~ 16)

7 ■ − 15 = 48

□ + □ = ■

➡ ■ = □

8 ■ − 38 = 27

□ + □ = ■

➡ ■ = □

9 ■ − 27 = 45

➡ □ + □ = ■

➡ ■ = □

10 ■ − 63 = 29

➡ □ + □ = ■

➡ ■ = □

11 ■ − 28 = 36

➡ □ + □ = ■

➡ ■ = □

12 ■ − 73 = 18

➡ □ + □ = ■

➡ ■ = □

13 ■ − 59 = 17

➡ □ + □ = ■

➡ ■ = □

14 ■ − 67 = 18

➡ □ + □ = ■

➡ ■ = □

15 ■ − 46 = 39

➡ □ + □ = ■

➡ ■ = □

16 ■ − 35 = 48

➡ □ + □ = ■

➡ ■ = □

뺄셈식에서 ■의 값 구하기 (2)

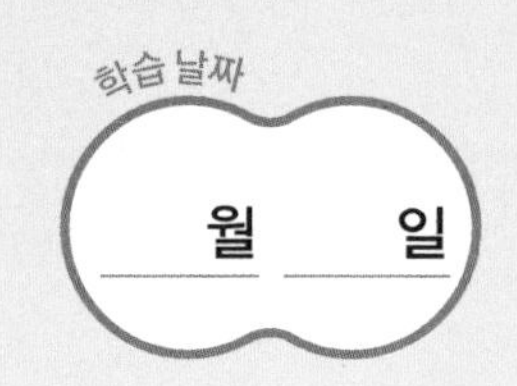

□ 안에 알맞은 수를 써넣으시오. (1 ~ 12)

1 33 − ★ = 19 ➡ ★ = □

2 44 − ★ = 28 ➡ ★ = □

3 53 − ★ = 25 ➡ ★ = □

4 62 − ★ = 34 ➡ ★ = □

5 71 − ★ = 52 ➡ ★ = □

6 80 − ★ = 47 ➡ ★ = □

7 74 − ★ = 26 ➡ ★ = □

8 57 − ★ = 39 ➡ ★ = □

9 85 − ★ = 48 ➡ ★ = □

10 71 − ★ = 24 ➡ ★ = □

11 88 − ★ = 39 ➡ ★ = □

12 93 − ★ = 47 ➡ ★ = □

계산은 빠르고 정확하게!

걸린 시간	1~6분	6~9분	9~12분
맞은 개수	22~24개	17~21개	1~16개
평가	참 잘했어요.	잘했어요.	좀더 노력해요.

□ 안에 알맞은 수를 써넣으시오. (13 ~ 24)

13 ♥ − 24 = 59 ➡ ♥ = □

14 ♥ − 33 = 28 ➡ ♥ = □

15 ♥ − 45 = 37 ➡ ♥ = □

16 ♥ − 54 = 38 ➡ ♥ = □

17 ♥ − 17 = 45 ➡ ♥ = □

18 ♥ − 28 = 56 ➡ ♥ = □

19 ♥ − 39 = 58 ➡ ♥ = □

20 ♥ − 46 = 27 ➡ ♥ = □

21 ♥ − 45 = 48 ➡ ♥ = □

22 ♥ − 27 = 69 ➡ ♥ = □

23 ♥ − 18 = 57 ➡ ♥ = □

24 ♥ − 29 = 34 ➡ ♥ = □

4 뺄셈식에서 ■의 값 구하기 (3)

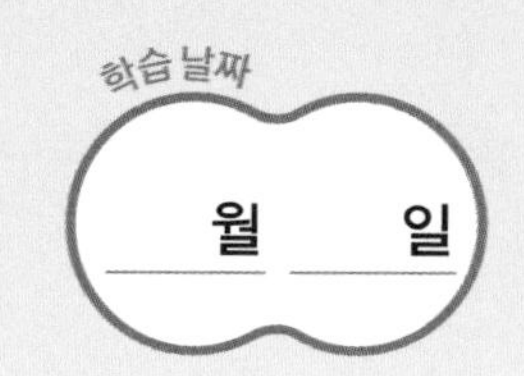

□ 안에 알맞은 수를 써넣으시오. (1 ~ 16)

1 42 − □ = 25

2 63 − □ = 26

3 94 − □ = 57

4 44 − □ = 18

5 67 − □ = 48

6 86 − □ = 38

7 42 − □ = 29

8 71 − □ = 35

9 90 − □ = 23

10 56 − □ = 37

11 74 − □ = 46

12 92 − □ = 47

13 53 − □ = 28

14 76 − □ = 39

15 95 − □ = 48

16 53 − □ = 34

계산은 빠르고 정확하게!

걸린 시간	1~8분	8~12분	12~16분
맞은 개수	29~32개	23~28개	1~22개
평가	참 잘했어요.	잘했어요.	좀더 노력해요.

□ 안에 알맞은 수를 써넣으시오. (17 ~ 32)

17 □−24=59

18 □−44=36

19 □−55=18

20 □−17=37

21 □−48=27

22 □−58=29

23 □−23=38

24 □−37=49

25 □−62=29

26 □−19=26

27 □−39=46

28 □−66=28

29 □−26=35

30 □−45=38

31 □−29=33

32 □−57=25

5 신기한 연산(1)

빈 곳에 알맞은 수를 써넣으시오. (1~8)

1

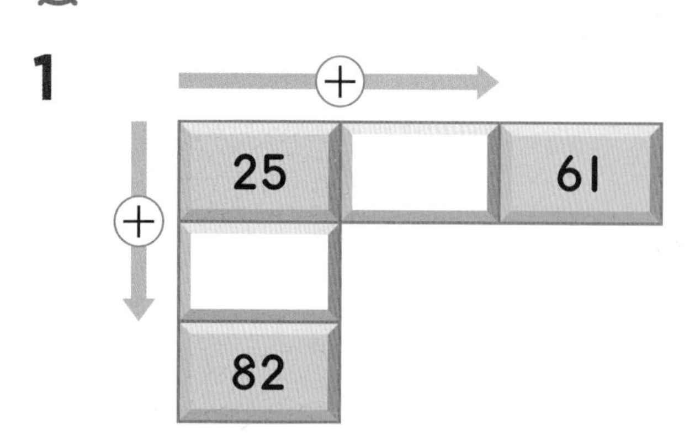

2

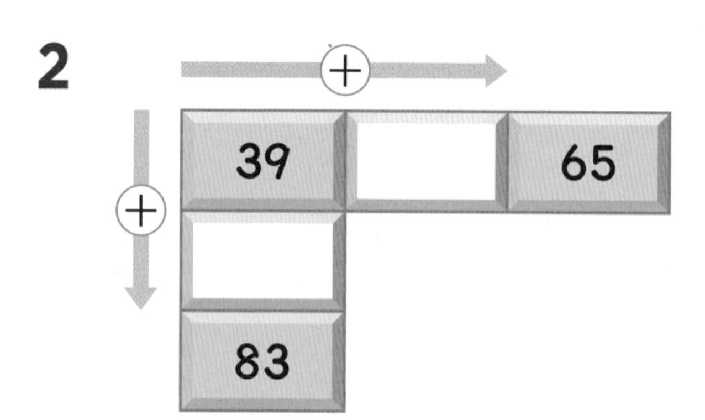

3

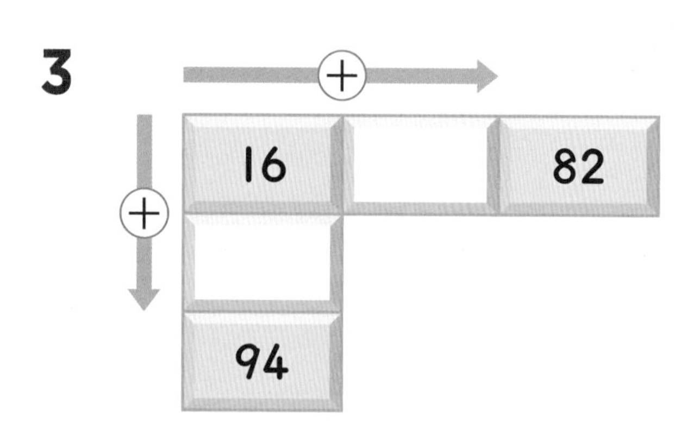

4

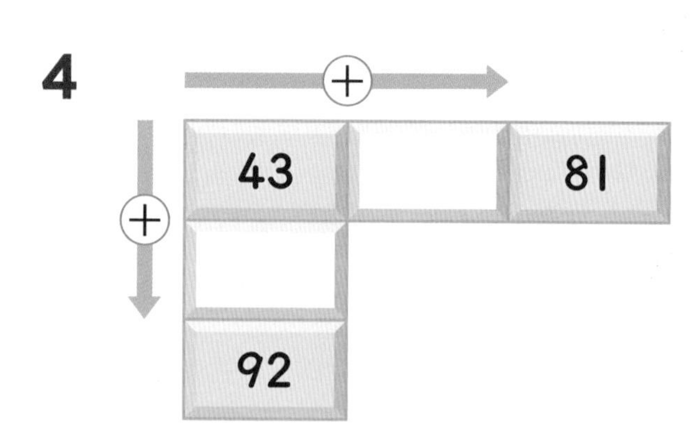

5

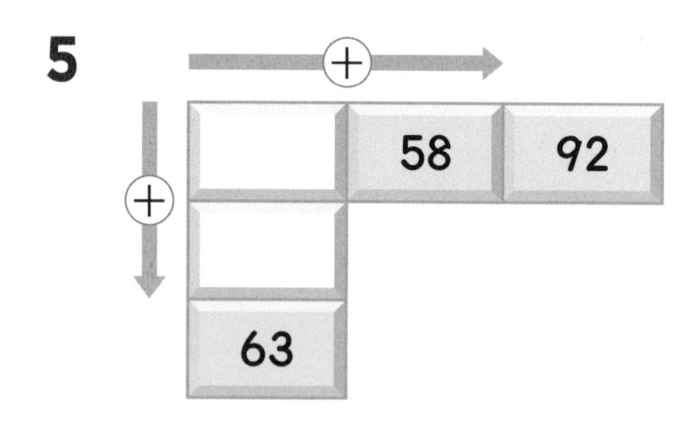

6

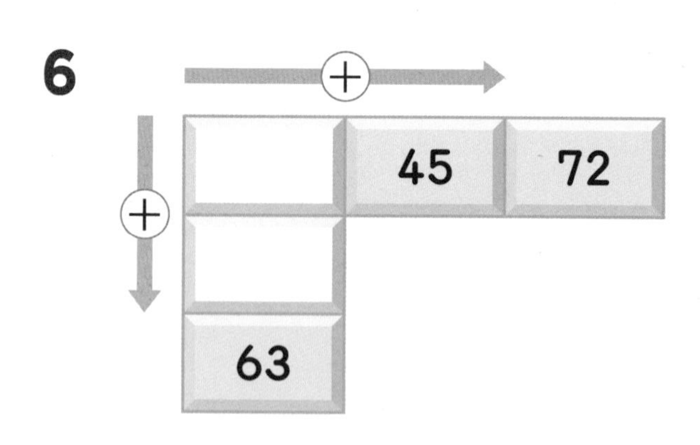

7

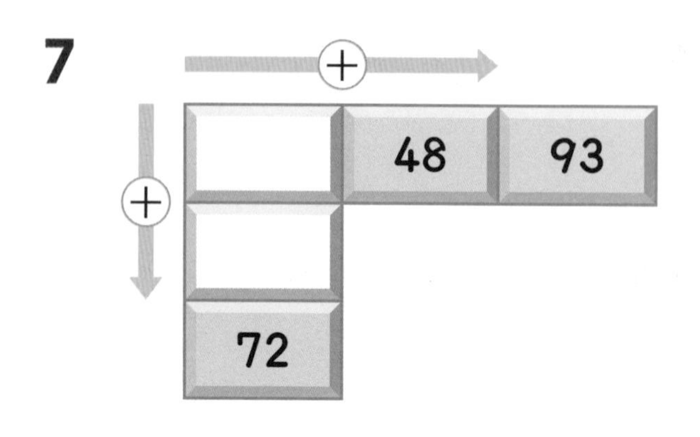

8

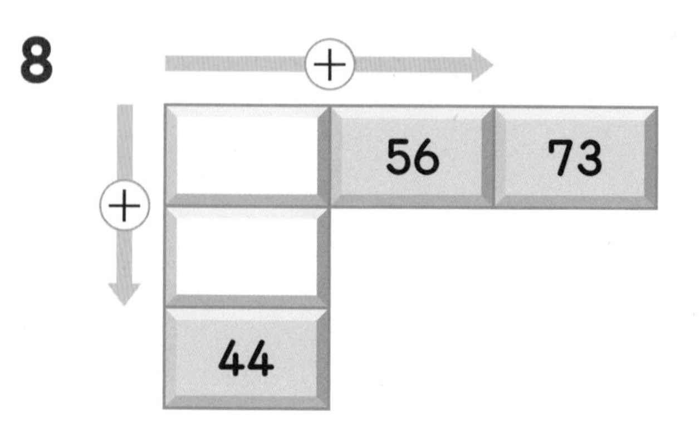

계산은 빠르고 정확하게!

걸린 시간	1~15분	15~20분	20~25분
맞은 개수	17~18개	13~16개	1~12개
평가	참 잘했어요.	잘했어요.	좀더 노력해요.

빈 곳에 알맞은 수를 써넣으시오. (9 ~ 18)

9

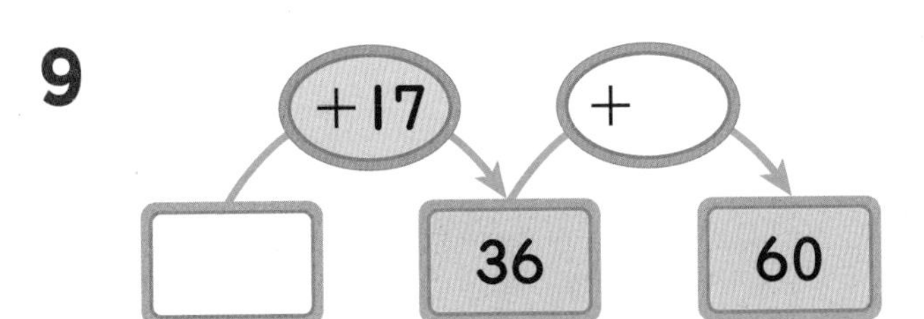

10

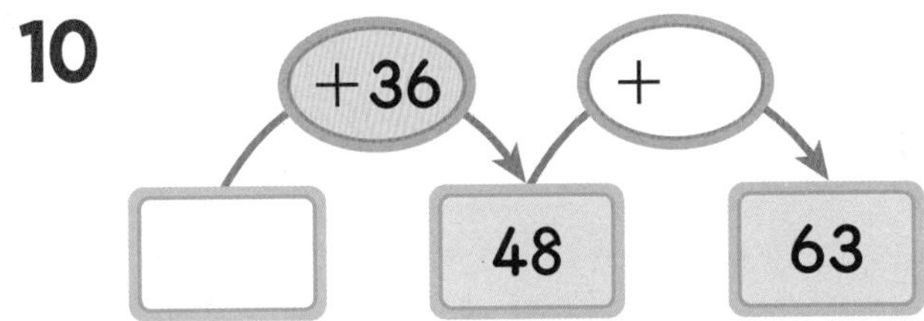

11

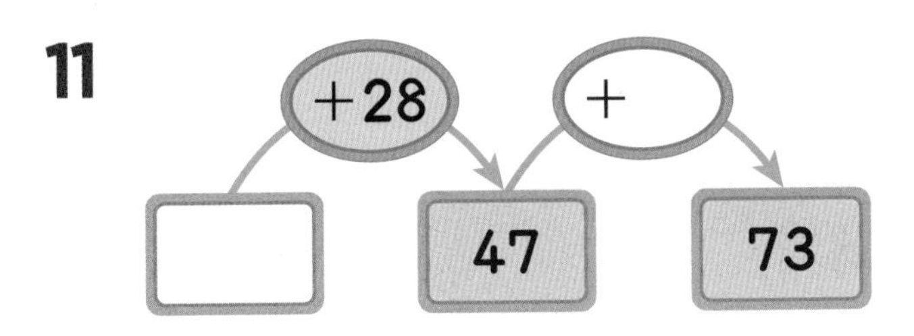

12

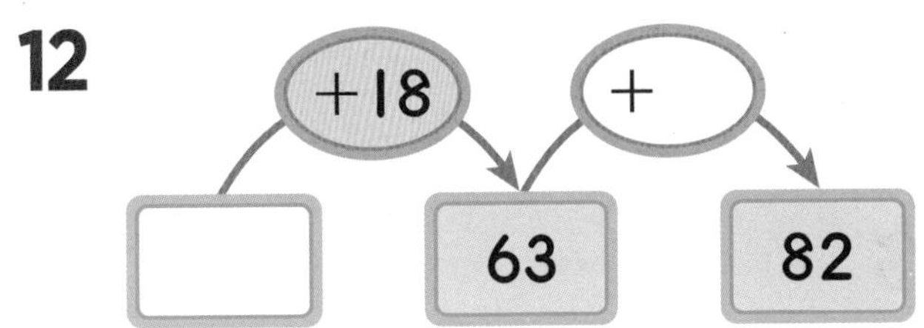

13

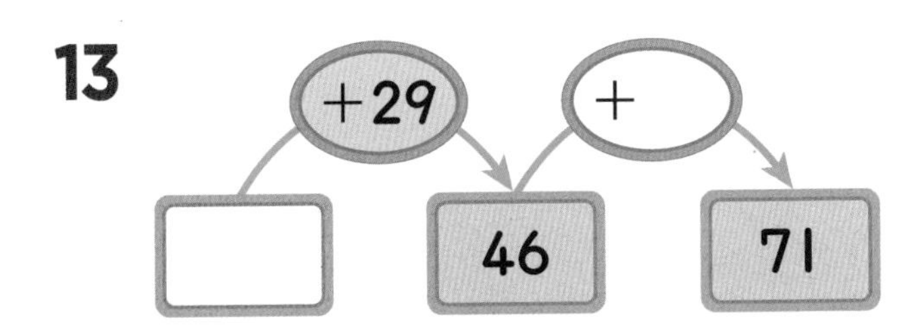

14

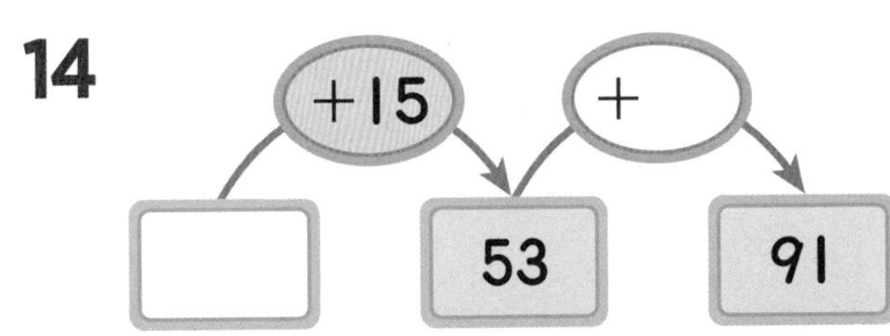

15

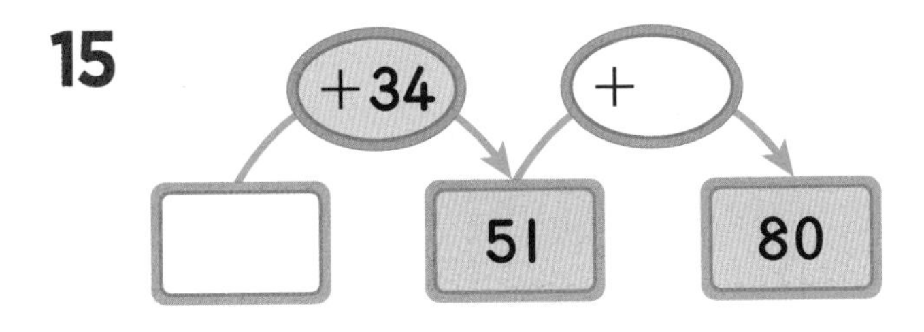

16

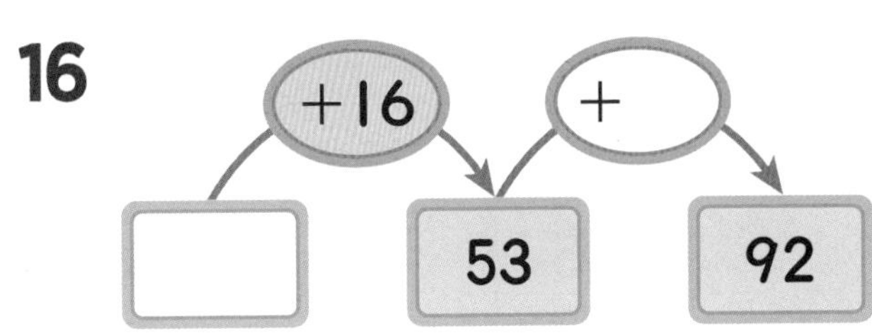

17

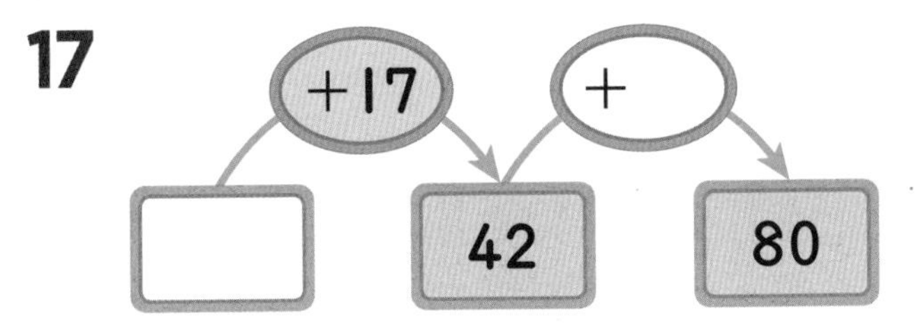

18

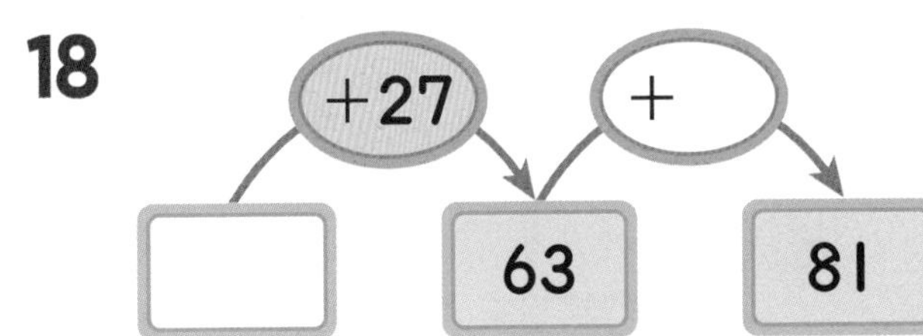

5 신기한 연산(2)

빈 곳에 알맞은 수를 써넣으시오. (1~8)

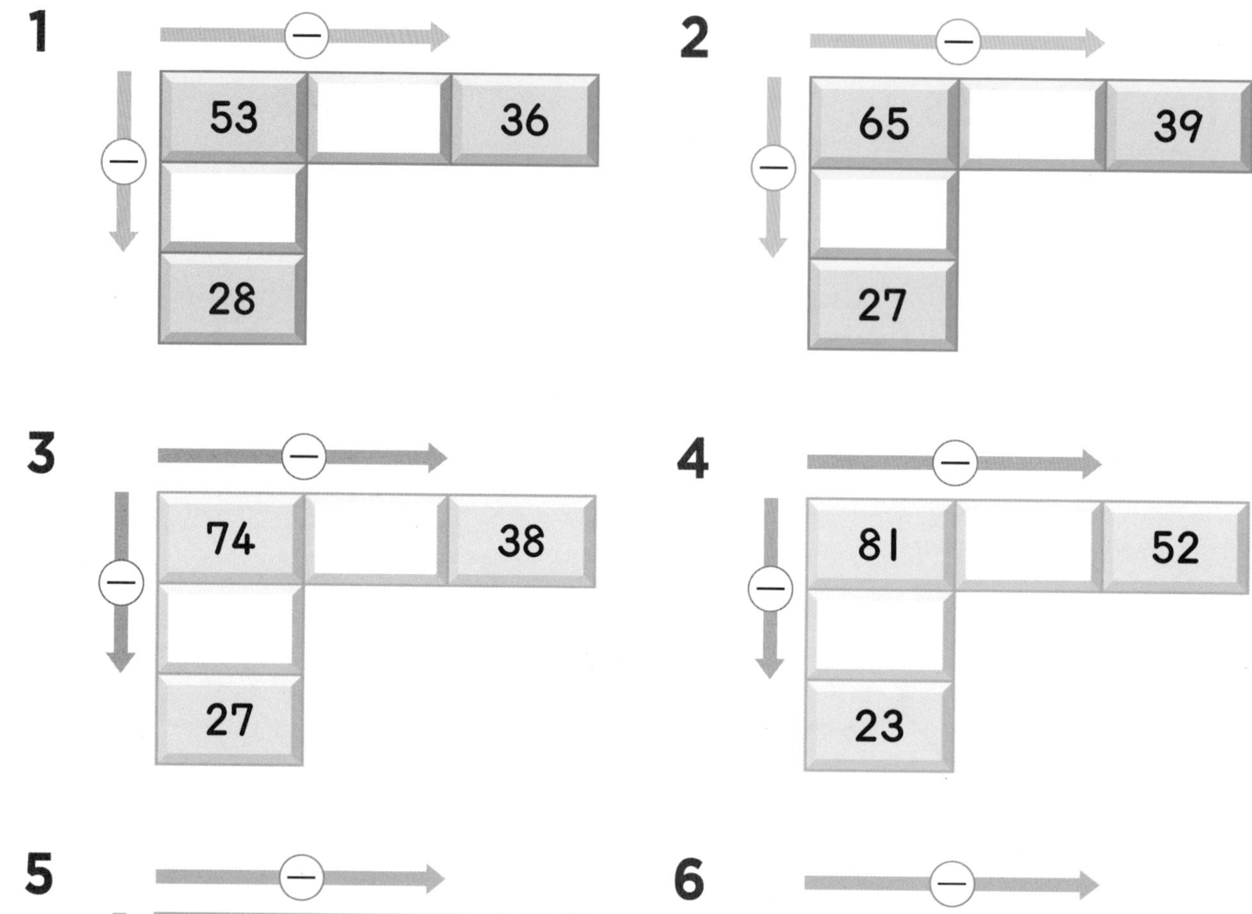

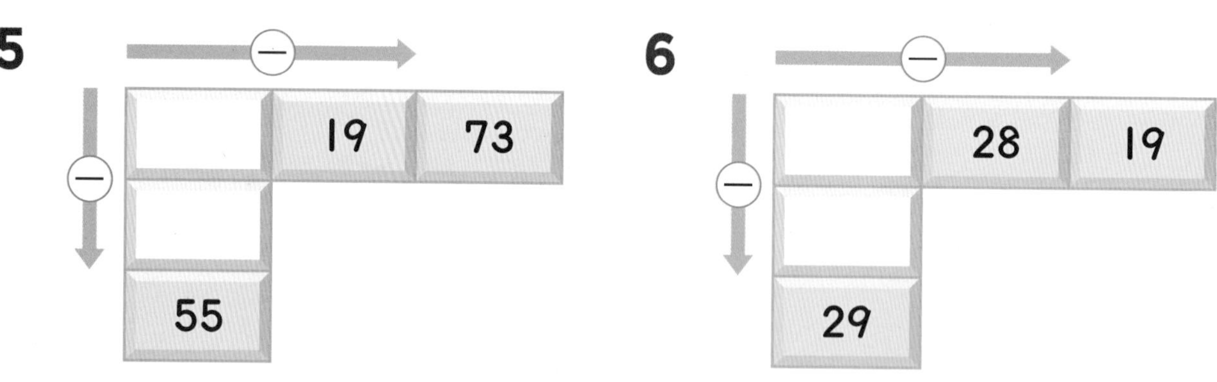

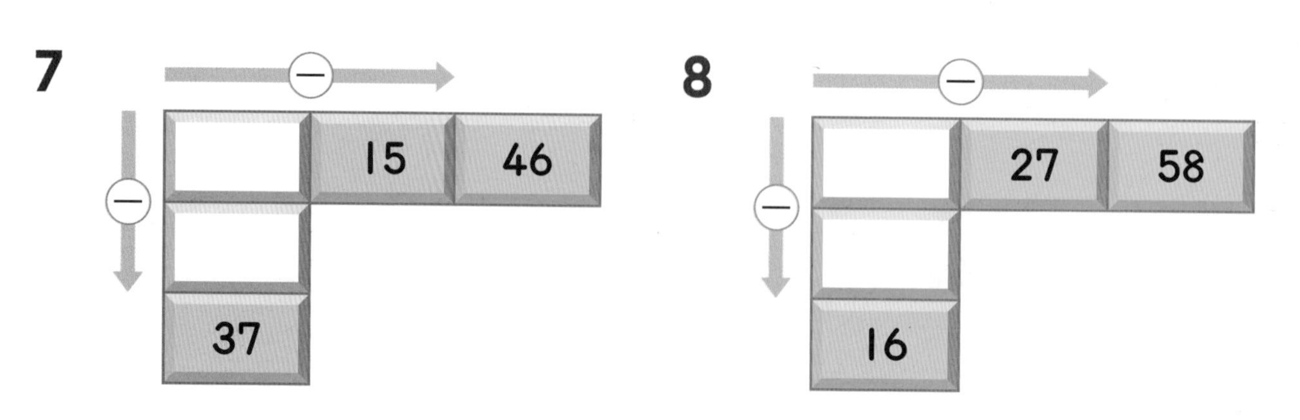

걸린 시간	1~15분	15~20분	20~25분
맞은 개수	17~18개	13~16개	1~12개
평가	참 잘했어요.	잘했어요.	좀더 노력해요.

빈 곳에 알맞은 수를 써넣으시오. (9 ~ 18)

9

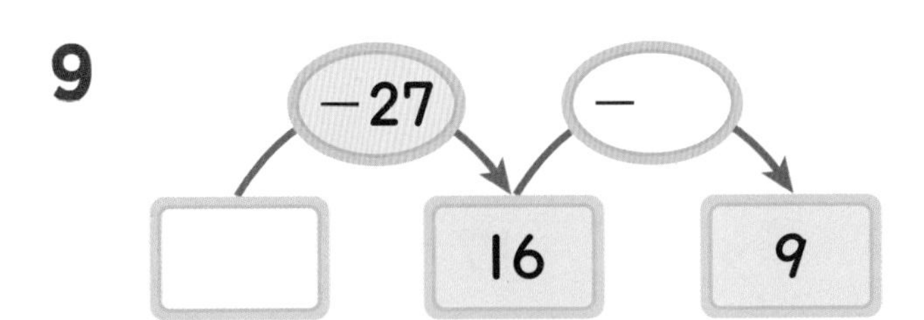

10

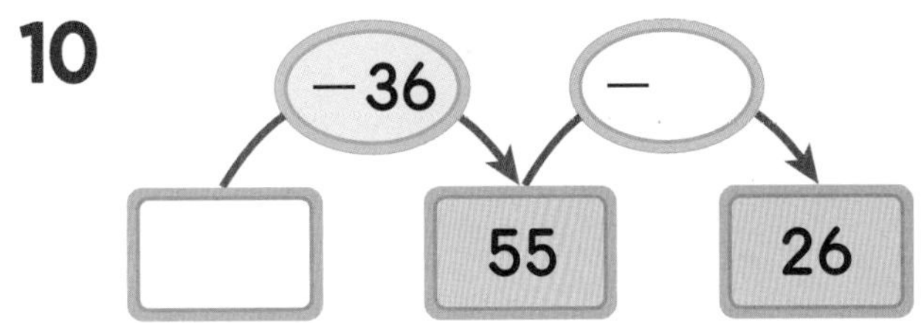

11

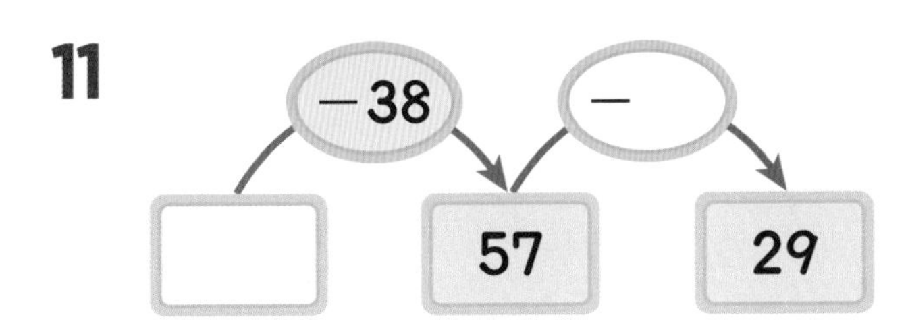

12

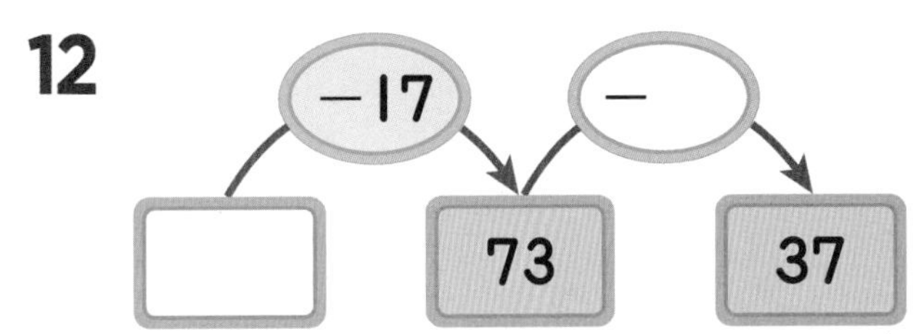

13

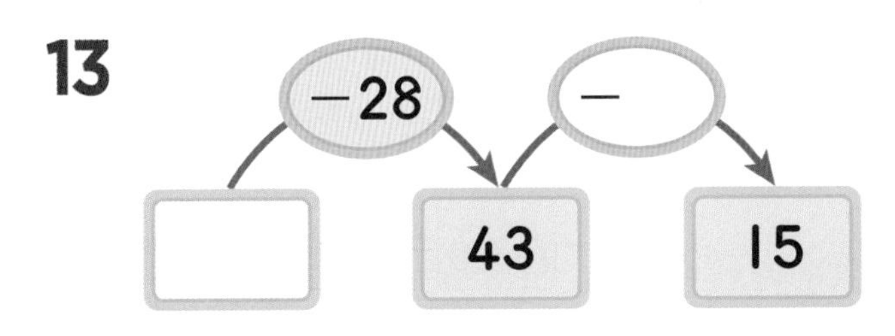

14

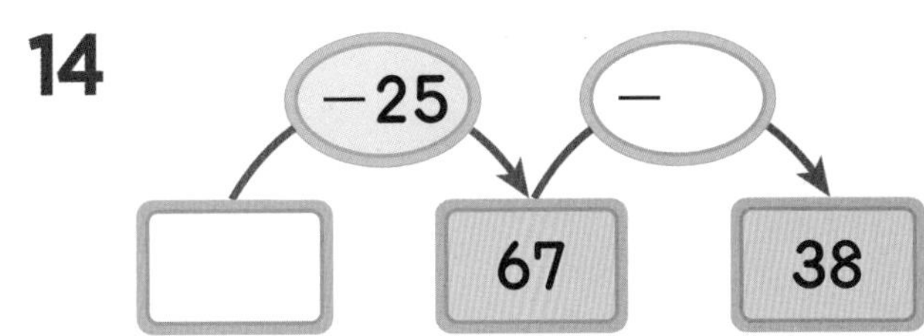

15

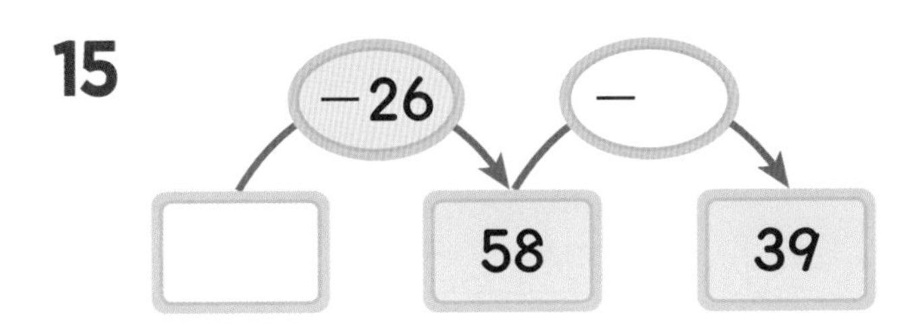

16

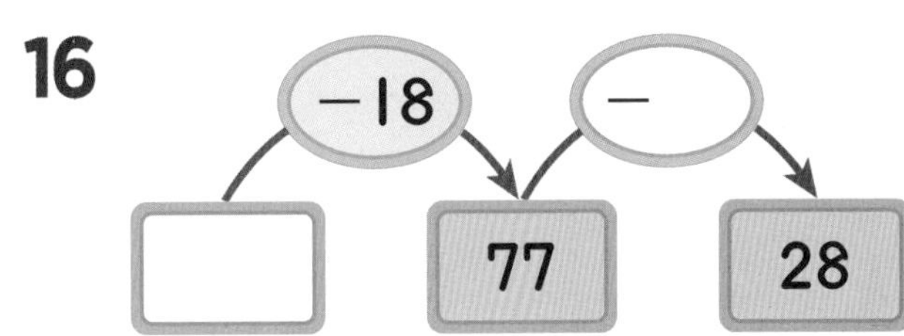

17

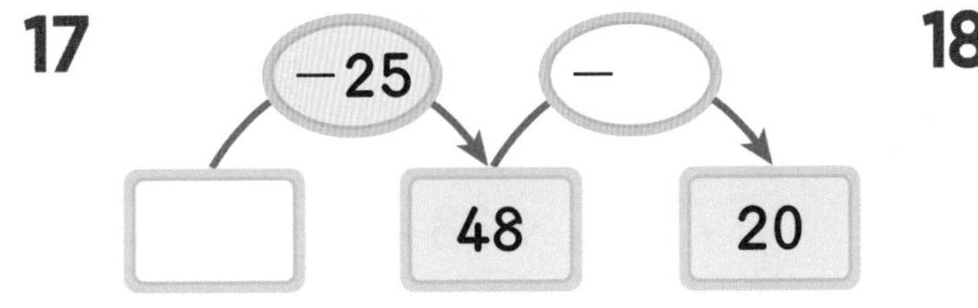

18

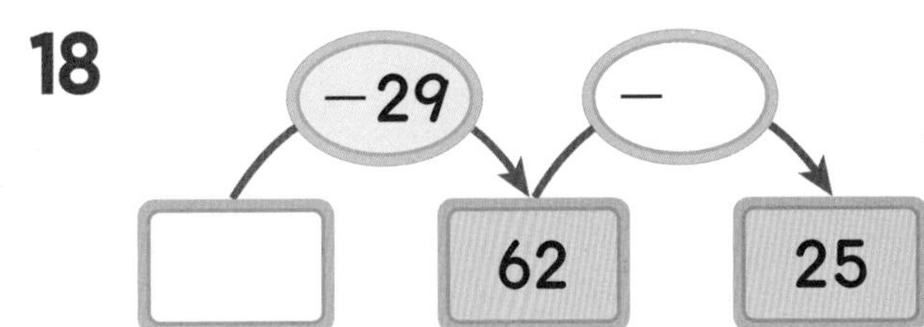

확인 평가

덧셈식은 뺄셈식으로, 뺄셈식은 덧셈식으로 나타내시오. (1~10)

1 $23+19=42$

$\square-19=\square$

$\square-23=\square$

2 $35+17=52$

$\square-17=\square$

$\square-35=\square$

3 $28+34=62$

$\square-\square=28$

$\square-\square=34$

4 $26+19=45$

$\square-\square=26$

$\square-\square=19$

5 $25+19=44$

$44-\square=\square$

$44-\square=\square$

6 $16+38=54$

$54-\square=\square$

$54-\square=\square$

7 $45-16=29$

$29+\square=\square$

$16+\square=\square$

8 $62-35=27$

$27+\square=\square$

$35+\square=\square$

9 $53-28=25$

$\square+28=\square$

$\square+25=\square$

10 $67-38=29$

$\square+38=\square$

$\square+29=\square$

걸린 시간	1~16분	16~24분	24~32분
맞은 개수	31~34개	24~30개	1~23개
평가	참 잘했어요.	잘했어요.	좀더 노력해요.

□ 안에 알맞은 수를 써넣으시오. (11 ~ 22)

11 ★+25=44

➡ □−□=★

➡ ★=□

12 ★+37=53

➡ □−□=★

➡ ★=□

13 ★+19=65

➡ □−□=★

➡ ★=□

14 ★+45=64

➡ □−□=★

➡ ★=□

15 ★+28=63

➡ □−□=★

➡ ★=□

16 ★+34=61

➡ □−□=★

➡ ★=□

17 33+♥=51

➡ □−□=♥

➡ ♥=□

18 46+♥=72

➡ □−□=♥

➡ ♥=□

19 27+♥=46

➡ □−□=♥

➡ ♥=□

20 18+♥=53

➡ □−□=♥

➡ ♥=□

21 55+♥=83

➡ □−□=♥

➡ ♥=□

22 69+♥=83

➡ □−□=♥

➡ ♥=□

확인 평가

□ 안에 알맞은 수를 써넣으시오. (23 ~ 34)

23 36 − ■ = 19

➡ □ − □ = ■

➡ ■ = □

24 42 − ■ = 16

➡ □ − □ = ■

➡ ■ = □

25 63 − ■ = 47

➡ □ − □ = ■

➡ ■ = □

26 54 − ■ = 27

➡ □ − □ = ■

➡ ■ = □

27 81 − ■ = 26

➡ □ − □ = ■

➡ ■ = □

28 80 − ■ = 37

➡ □ − □ = ■

➡ ■ = □

29 ● − 16 = 47

➡ □ + □ = ●

➡ ● = □

30 ● − 27 = 34

➡ □ + □ = ●

➡ ● = □

31 ● − 29 = 17

➡ □ + □ = ●

➡ ● = □

32 ● − 35 = 48

➡ □ + □ = ●

➡ ● = □

33 ● − 24 = 29

➡ □ + □ = ●

➡ ● = □

34 ● − 48 = 46

➡ □ + □ = ●

➡ ● = □

신기한
연산왕

신기한
연산왕

초등 수학의 기본은 연산력!!

신기한 연산왕

정답

B-2

초2 수준

신기한
연산왕

정답

1 받아내림이 한 번 있는 (두 자리 수)-(한 자리 수)(1)

36−8의 계산

(1) 일의 자리 숫자끼리 뺄 수 없으면 십의 자리에서 10을 받아내림하여 십의 자리 숫자를 지우고 1만큼 더 작은 숫자를 위에 작게 쓴 다음 일의 자리 위에 10을 작게 쓰고 계산합니다.

(2) 받아내림하고 남은 숫자를 십의 자리에 내려씁니다.

〈세로셈〉 (2 10) 3̸6 − 8 = 28

〈가로셈〉 (2 10) 3̸6 − 8 = 28

계산을 하시오. (1~9)

1. (1 10) 2̸3 − 9 = 14
2. (3 10) 4̸6 − 8 = 38
3. (4 10) 5̸4 − 7 = 47
4. (2 10) 3̸0 − 8 = 22
5. (5 10) 6̸5 − 7 = 58
6. (7 10) 8̸0 − 5 = 75
7. (6 10) 7̸2 − 4 = 68
8. (7 10) 8̸8 − 9 = 79
9. (8 10) 9̸3 − 7 = 86

계산은 빠르고 정확하게!

걸린 시간	1~6분	6~9분	9~12분
맞은 개수	22~24개	17~21개	1~16개
평가	참 잘했어요.	잘했어요.	좀더 노력해요.

계산을 하시오. (10~24)

10. (2 10) 3̸4 − 7 = 27
11. (1 10) 2̸3 − 8 = 15
12. (3 10) 4̸5 − 9 = 36
13. (4 10) 5̸6 − 8 = 48
14. (5 10) 6̸3 − 6 = 57
15. (6 10) 7̸1 − 4 = 67
16. (7 10) 8̸2 − 8 = 74
17. (3 10) 4̸6 − 9 = 37
18. (4 10) 5̸4 − 7 = 47
19. (7 10) 8̸0 − 2 = 78
20. (3 10) 4̸4 − 6 = 38
21. (2 10) 3̸2 − 5 = 27
22. (6 10) 7̸7 − 8 = 69
23. (8 10) 9̸1 − 3 = 88
24. (7 10) 8̸3 − 4 = 79

1 받아내림이 한 번 있는 (두 자리 수)-(한 자리 수)(2)

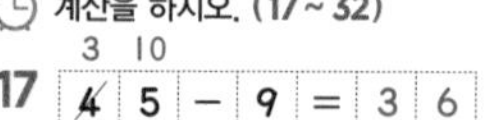

걸린 시간	1~8분	8~12분	12~16분
맞은 개수	29~32개	23~28개	1~22개
평가	참 잘했어요.	잘했어요.	좀더 노력해요.

계산을 하시오. (1~16)

1. (1 10) 2̸4 − 9 = 15
2. (2 10) 3̸6 − 7 = 29
3. (4 10) 5̸5 − 8 = 47
4. (3 10) 4̸0 − 5 = 35
5. (5 10) 6̸6 − 8 = 58
6. (6 10) 7̸3 − 7 = 66
7. (3 10) 4̸2 − 7 = 35
8. (4 10) 5̸1 − 6 = 45
9. (6 10) 7̸5 − 9 = 66
10. (7 10) 8̸3 − 8 = 75
11. (8 10) 9̸0 − 9 = 81
12. (5 10) 6̸7 − 8 = 59
13. (2 10) 3̸4 − 8 = 26
14. (5 10) 6̸5 − 6 = 59
15. (6 10) 7̸2 − 4 = 68
16. (7 10) 8̸8 − 9 = 79

계산을 하시오. (17~32)

17. (3 10) 4̸5 − 9 = 36
18. (4 10) 5̸7 − 8 = 49
19. (5 10) 6̸6 − 7 = 59
20. (5 10) 6̸4 − 6 = 58
21. (2 10) 3̸1 − 4 = 27
22. (6 10) 7̸2 − 7 = 65
23. (6 10) 7̸3 − 9 = 64
24. (7 10) 8̸0 − 6 = 74
25. (7 10) 8̸5 − 8 = 77
26. (8 10) 9̸1 − 7 = 84
27. (4 10) 5̸4 − 9 = 45
28. (5 10) 6̸7 − 8 = 59
29. (6 10) 7̸4 − 5 = 69
30. (7 10) 8̸5 − 7 = 78
31. (8 10) 9̸0 − 3 = 87
32. (3 10) 4̸1 − 5 = 36

1 받아내림이 한 번 있는 (두 자리 수)-(한 자리 수) (3)

계산은 빠르고 정확하게!

걸린 시간	1~8분	8~12분	12~16분
맞은 개수	29~31개	22~28개	1~21개
평가	참 잘했어요.	잘했어요.	좀더 노력해요.

계산을 하시오. (1~15)

1. 24 − 5 = 19
2. 35 − 7 = 28
3. 46 − 9 = 37
4. 52 − 4 = 48
5. 63 − 6 = 57
6. 74 − 8 = 66
7. 85 − 7 = 78
8. 96 − 8 = 88
9. 66 − 9 = 57
10. 73 − 8 = 65
11. 84 − 5 = 79
12. 95 − 9 = 86
13. 37 − 8 = 29
14. 43 − 5 = 38
15. 50 − 3 = 47

계산을 하시오. (16~31)

16. 35−9= 26
17. 23−5= 18
18. 47−9= 38
19. 53−4= 49
20. 64−6= 58
21. 75−8= 67
22. 86−7= 79
23. 97−8= 89
24. 67−9= 58
25. 74−8= 66
26. 85−6= 79
27. 96−9= 87
28. 38−9= 29
29. 44−7= 37
30. 71−8= 63
31. 62−4= 58

1 받아내림이 한 번 있는 (두 자리 수)-(한 자리 수) (4)

계산은 빠르고 정확하게!

걸린 시간	1~5분	5~8분	8~10분
맞은 개수	18~20개	14~17개	1~13개
평가	참 잘했어요.	잘했어요.	좀더 노력해요.

□ 안에 알맞은 수를 써넣으시오. (1~10)

1.
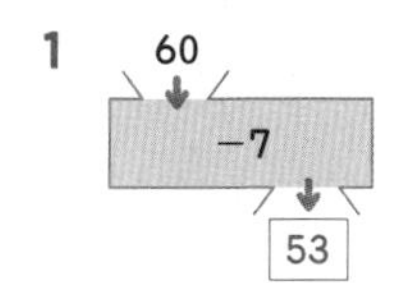

2.
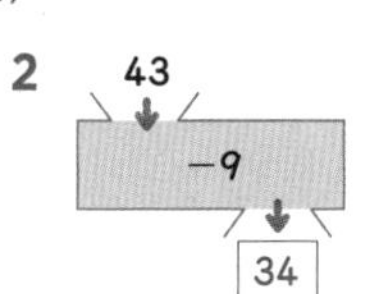

3.
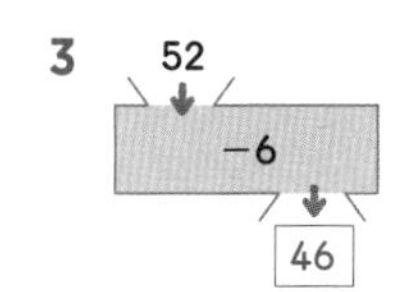

4.
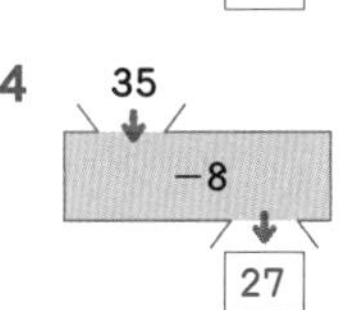

5.
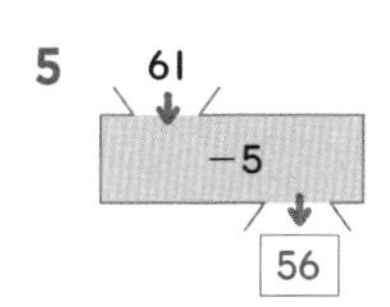

6.
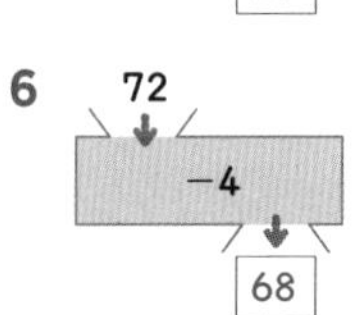

7.
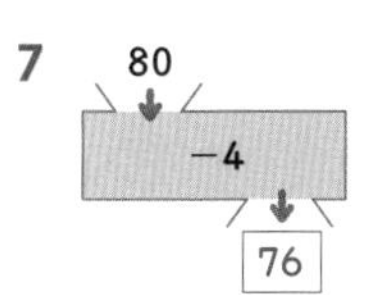

8.
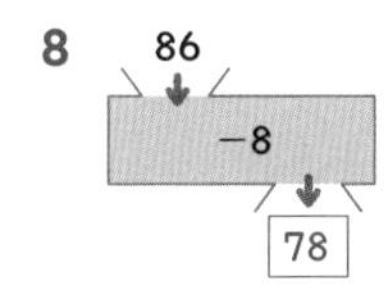

9.
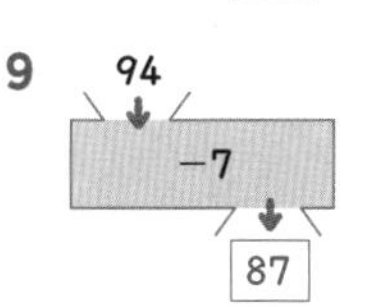

10.
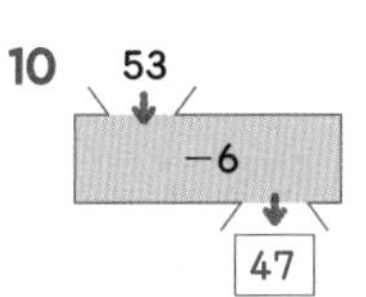

빈 곳에 알맞은 수를 써넣으시오. (11~20)

11.
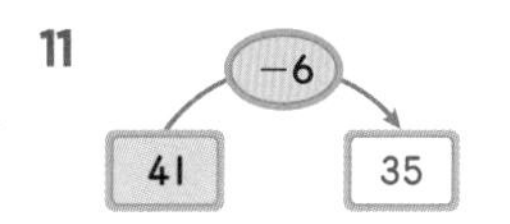

12.
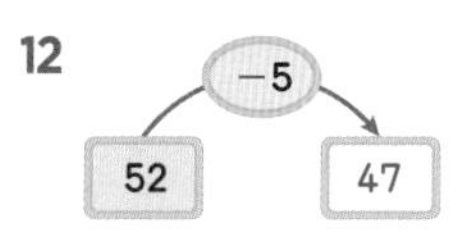

13.
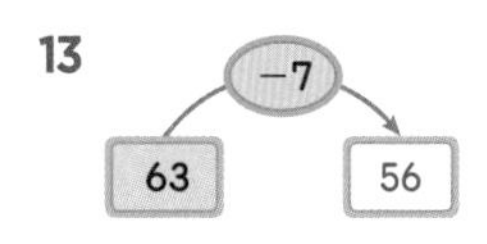

14.
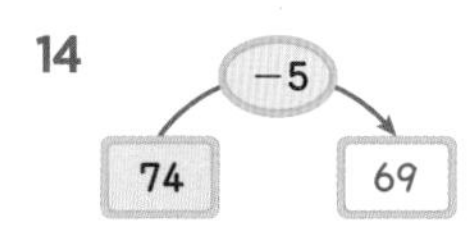

15.
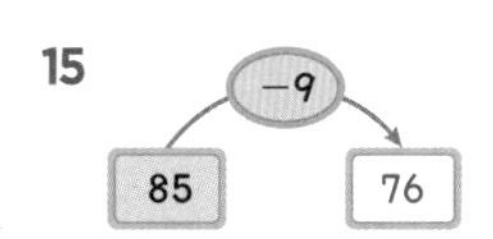

16.
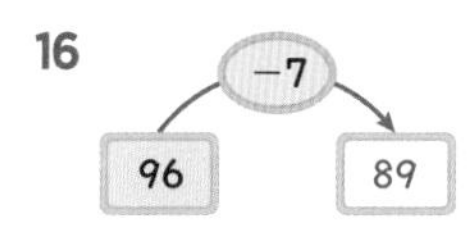

17.
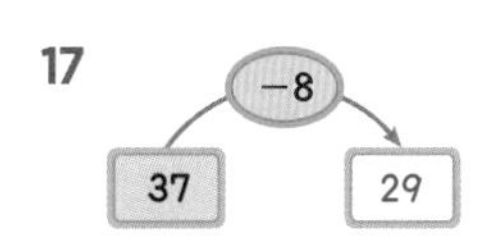

18.
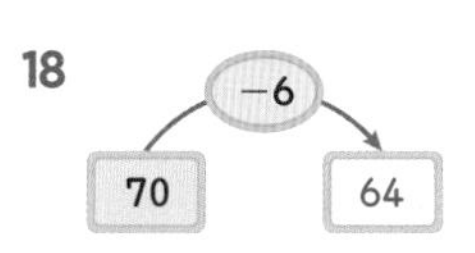

19.
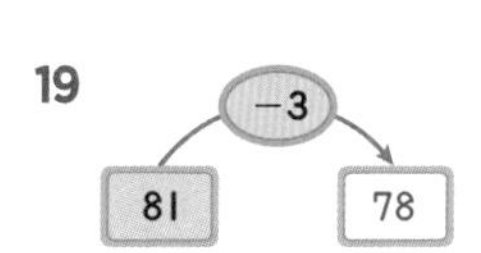

20.
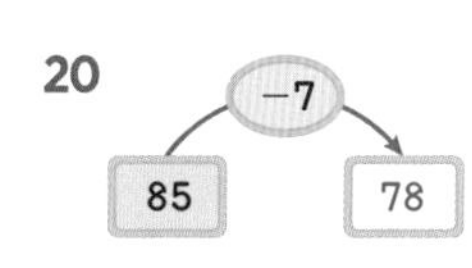

P 16~19

2 받아내림이 한 번 있는 (몇십)-(두 자리 수)(1)

30－14의 계산

(1) 0에서 몇을 뺄 수 없으므로 십의 자리에서 10을 받아내림하여 십의 자리 숫자를 지운 후 1만큼 더 작은 숫자를 위에 쓴 다음, 일의 자리 위에 10을 작게 쓰고 계산합니다.

(2) 받아내림하고 남은 숫자에서 십의 자리 숫자를 뺀 값을 십의 자리에 씁니다.

〈세로셈〉 (2 10) 30 − 14 = 16

〈가로셈〉 (2 10) 30 − 14 = 16

계산은 빠르고 정확하게!

걸린 시간	1~6분	6~9분	9~12분
맞은 개수	22~24개	17~21개	1~16개
평가	참 잘했어요.	잘했어요.	좀더 노력해요.

계산을 하시오. (1 ~ 9)

1. (2 10) 30 − 16 = 14
2. (4 10) 50 − 38 = 12
3. (6 10) 70 − 49 = 21
4. (3 10) 40 − 13 = 27
5. (5 10) 60 − 25 = 35
6. (7 10) 80 − 37 = 43
7. (4 10) 50 − 24 = 26
8. (6 10) 70 − 31 = 39
9. (8 10) 90 − 42 = 48

계산을 하시오. (10 ~ 24)

10. (4 10) 50 − 29 = 21
11. (7 10) 80 − 36 = 44
12. (5 10) 60 − 48 = 12
13. (7 10) 80 − 15 = 65
14. (2 10) 30 − 18 = 12
15. (7 10) 80 − 27 = 53
16. (6 10) 70 − 33 = 37
17. (4 10) 50 − 22 = 28
18. (8 10) 90 − 49 = 41
19. (3 10) 40 − 16 = 24
20. (6 10) 70 − 25 = 45
21. (7 10) 80 − 41 = 39
22. (5 10) 60 − 24 = 36
23. (4 10) 50 − 19 = 31
24. (8 10) 90 − 32 = 58

2 받아내림이 한 번 있는 (몇십)-(두 자리 수)(2)

학습 날짜 월 일

계산은 빠르고 정확하게!

걸린 시간	1~8분	8~12분	12~16분
맞은 개수	29~32개	23~28개	1~22개
평가	참 잘했어요.	잘했어요.	좀더 노력해요.

계산을 하시오. (1 ~ 16)

1. (2 10) 30 − 14 = 16
2. (3 10) 40 − 17 = 23
3. (4 10) 50 − 23 = 27
4. (5 10) 60 − 25 = 35
5. (6 10) 70 − 32 = 38
6. (6 10) 70 − 36 = 34
7. (7 10) 80 − 51 = 29
8. (8 10) 90 − 48 = 42
9. (6 10) 70 − 24 = 46
10. (5 10) 60 − 16 = 44
11. (4 10) 50 − 35 = 15
12. (7 10) 80 − 29 = 51
13. (8 10) 90 − 31 = 59
14. (6 10) 70 − 12 = 58
15. (5 10) 60 − 49 = 11
16. (4 10) 50 − 28 = 22

계산을 하시오. (17 ~ 32)

17. (3 10) 40 − 15 = 25
18. (4 10) 50 − 18 = 32
19. (5 10) 60 − 24 = 36
20. (6 10) 70 − 26 = 44
21. (7 10) 80 − 33 = 47
22. (7 10) 80 − 37 = 43
23. (8 10) 90 − 52 = 38
24. (8 10) 90 − 49 = 41
25. (6 10) 70 − 25 = 45
26. (4 10) 50 − 17 = 33
27. (3 10) 40 − 26 = 14
28. (6 10) 70 − 29 = 41
29. (7 10) 80 − 31 = 49
30. (5 10) 60 − 13 = 47
31. (8 10) 90 − 49 = 41
32. (4 10) 50 − 12 = 38

2 받아내림이 한 번 있는 (몇십)-(두 자리 수)(3)

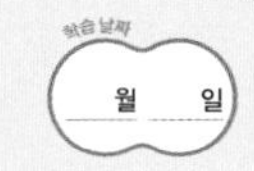

계산은 빠르고 정확하게!

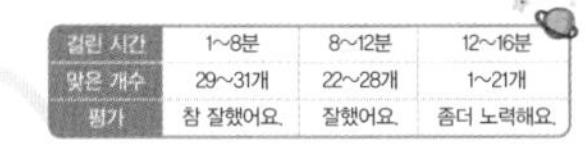

걸린 시간	1~8분	8~12분	12~16분
맞은 개수	29~31개	22~28개	1~21개
평가	참 잘했어요.	잘했어요.	좀더 노력해요.

계산을 하시오. (1 ~ 15)

1. 20 − 13 = 7
2. 30 − 16 = 14
3. 40 − 19 = 21
4. 50 − 22 = 28
5. 60 − 34 = 26
6. 70 − 25 = 45
7. 80 − 48 = 32
8. 90 − 21 = 69
9. 50 − 13 = 37
10. 70 − 26 = 44
11. 60 − 18 = 42
12. 40 − 23 = 17
13. 80 − 14 = 66
14. 90 − 39 = 51
15. 70 − 27 = 43

계산을 하시오. (16 ~ 31)

16. 30−15= 15
17. 50−21= 29
18. 40−24= 16
19. 60−13= 47
20. 50−14= 36
21. 70−59= 11
22. 70−28= 42
23. 80−12= 68
24. 60−27= 33
25. 90−19= 71
26. 80−31= 49
27. 50−15= 35
28. 90−38= 52
29. 60−48= 12
30. 70−37= 33
31. 80−33= 47

2 받아내림이 한 번 있는 (몇십)-(두 자리 수)(4)

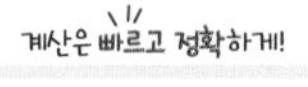

걸린 시간	1~5분	5~8분	8~10분
맞은 개수	18~20개	14~17개	1~13개
평가	참 잘했어요.	잘했어요.	좀더 노력해요.

□ 안에 알맞은 수를 써넣으시오. (1 ~ 10)

1. 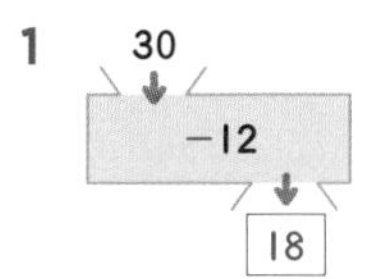

2. 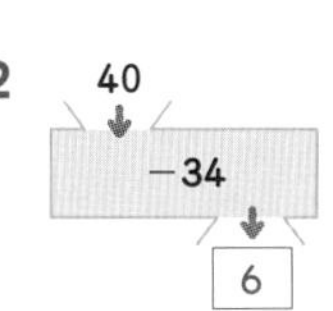

3. 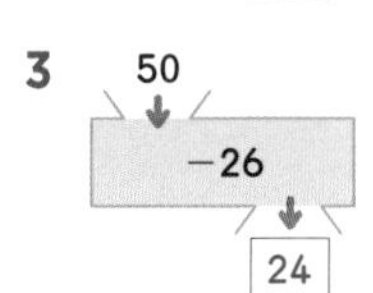

4. 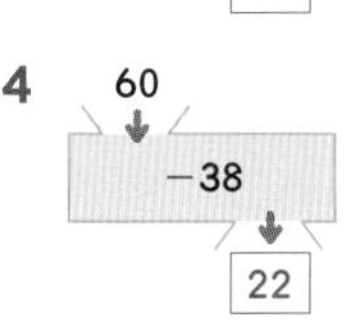

5. 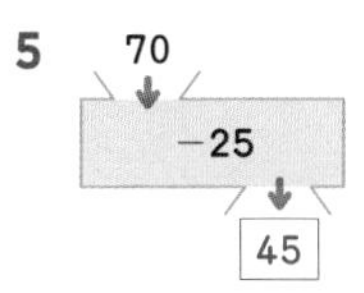

6. 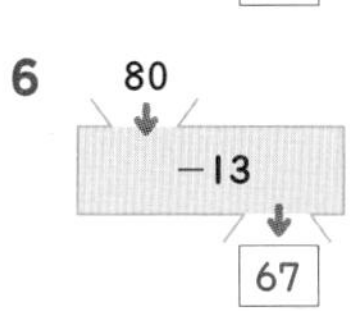

7. 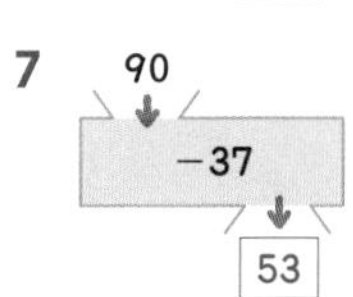

8. 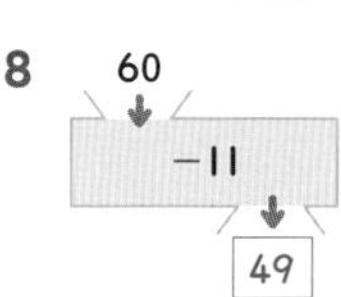

9. 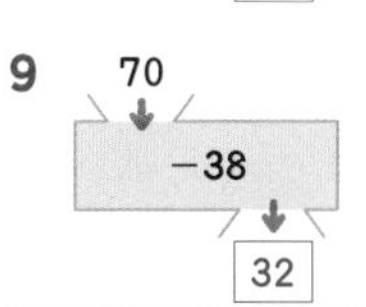

10. 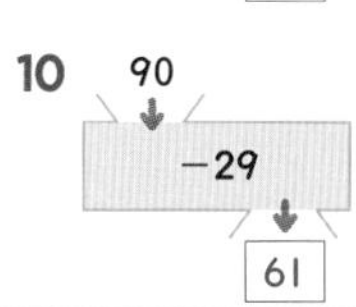

빈 곳에 알맞은 수를 써넣으시오. (11 ~ 20)

11. 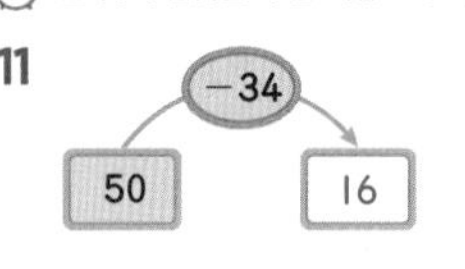

12. 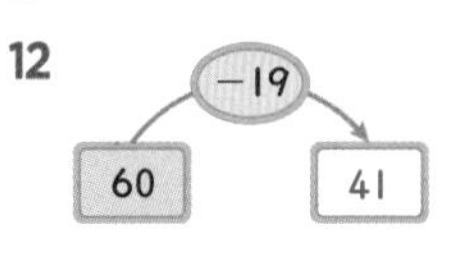

13. 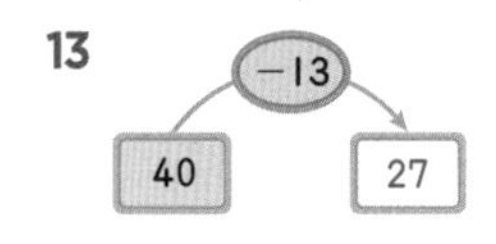

14. 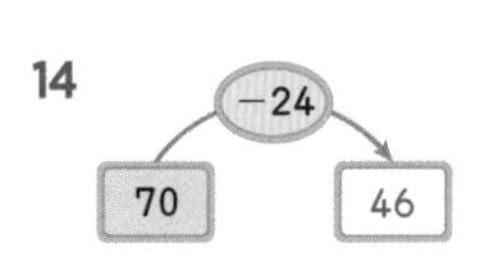

15. 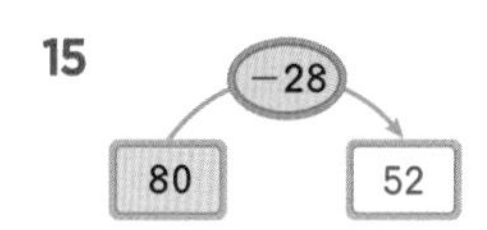

16. 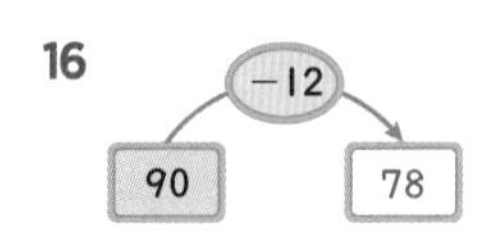

17. 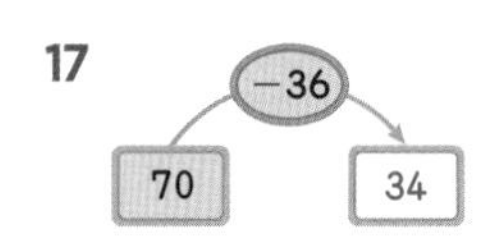

18. 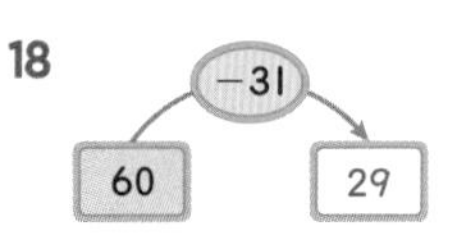

19. 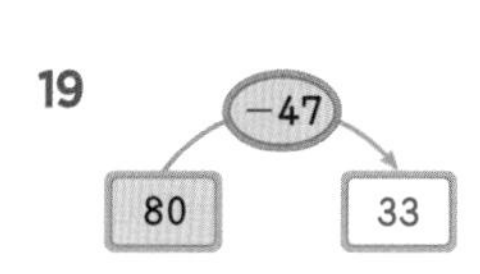

20. 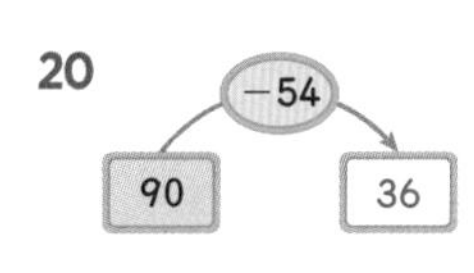

3 받아내림이 한 번 있는 (두 자리 수)-(두 자리 수)(1)

계산은 빠르고 정확하게!

걸린 시간	1~6분	6~9분	9~12분
맞은 개수	22~24개	17~21개	1~16개
평가	참 잘했어요.	잘했어요.	좀더 노력해요.

44－26의 계산

(1) 일의 자리 숫자끼리 뺄 수 없으면 십의 자리에서 10을 받아내림하여 십의 자리 숫자를 지우고 1만큼 더 작은 숫자를 위에 작게 쓴 다음 일의 자리 숫자 위에 10을 작게 쓴 후 계산합니다.

(2) 받아내림하고 남은 숫자에서 십의 자리 숫자를 뺀 값을 십의 자리에 씁니다.

〈세로셈〉

	3	10
	~~4~~	4
－	2	6
	1	8

〈가로셈〉

(3 10) ~~4~~ 4 － 2 6 ＝ 1 8

계산을 하시오. (1~9)

1. (2 10) ~~3~~3 － 18 ＝ 15
2. (3 10) ~~4~~2 － 26 ＝ 16
3. (7 10) ~~8~~5 － 38 ＝ 47
4. (7 10) ~~8~~4 － 35 ＝ 49
5. (7 10) ~~8~~6 － 48 ＝ 38
6. (6 10) ~~7~~3 － 27 ＝ 46
7. (7 10) ~~8~~5 － 49 ＝ 36
8. (8 10) ~~9~~5 － 47 ＝ 48
9. (6 10) ~~7~~4 － 36 ＝ 38

계산을 하시오. (10~24)

10. (1 10) ~~2~~8 － 19 ＝ 9
11. (2 10) ~~3~~5 － 16 ＝ 19
12. (3 10) ~~4~~3 － 17 ＝ 26
13. (5 10) ~~6~~2 － 27 ＝ 35
14. (6 10) ~~7~~6 － 38 ＝ 38
15. (4 10) ~~5~~4 － 18 ＝ 36
16. (6 10) ~~7~~1 － 24 ＝ 47
17. (7 10) ~~8~~7 － 39 ＝ 48
18. (8 10) ~~9~~1 － 26 ＝ 65
19. (4 10) ~~5~~5 － 17 ＝ 38
20. (5 10) ~~6~~3 － 26 ＝ 37
21. (6 10) ~~7~~2 － 39 ＝ 33
22. (3 10) ~~4~~4 － 19 ＝ 25
23. (8 10) ~~9~~6 － 47 ＝ 49
24. (7 10) ~~8~~3 － 28 ＝ 55

3 받아내림이 한 번 있는 (두 자리 수)-(두 자리 수)(2)

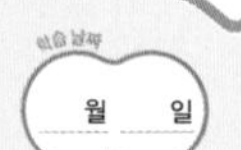

계산은 빠르고 정확하게!

걸린 시간	1~8분	8~12분	12~16분
맞은 개수	29~32개	23~28개	1~22개
평가	참 잘했어요.	잘했어요.	좀더 노력해요.

계산을 하시오. (1~16)

1. (3 10) ~~4~~2 － 24 ＝ 18
2. (4 10) ~~5~~3 － 35 ＝ 18
3. (5 10) ~~6~~4 － 17 ＝ 47
4. (6 10) ~~7~~7 － 28 ＝ 49
5. (2 10) ~~3~~1 － 19 ＝ 12
6. (7 10) ~~8~~6 － 27 ＝ 59
7. (8 10) ~~9~~7 － 38 ＝ 59
8. (3 10) ~~4~~1 － 17 ＝ 24
9. (4 10) ~~5~~6 － 39 ＝ 17
10. (5 10) ~~6~~5 － 18 ＝ 47
11. (6 10) ~~7~~6 － 29 ＝ 47
12. (3 10) ~~4~~8 － 29 ＝ 19
13. (4 10) ~~5~~2 － 16 ＝ 36
14. (6 10) ~~7~~3 － 27 ＝ 46
15. (7 10) ~~8~~3 － 48 ＝ 35
16. (8 10) ~~9~~5 － 59 ＝ 36

계산을 하시오. (17~32)

17. (2 10) ~~3~~3 － 16 ＝ 17
18. (3 10) ~~4~~5 － 17 ＝ 28
19. (4 10) ~~5~~7 － 28 ＝ 29
20. (4 10) ~~5~~3 － 29 ＝ 24
21. (6 10) ~~7~~1 － 14 ＝ 57
22. (7 10) ~~8~~2 － 15 ＝ 67
23. (8 10) ~~9~~4 － 29 ＝ 65
24. (2 10) ~~3~~6 － 18 ＝ 18
25. (4 10) ~~5~~8 － 39 ＝ 19
26. (5 10) ~~6~~3 － 37 ＝ 26
27. (6 10) ~~7~~6 － 28 ＝ 48
28. (8 10) ~~9~~1 － 15 ＝ 76
29. (7 10) ~~8~~3 － 27 ＝ 56
30. (3 10) ~~4~~6 － 19 ＝ 27
31. (5 10) ~~6~~2 － 28 ＝ 34
32. (4 10) ~~7~~4 － 25 ＝ 49

받아내림이 한 번 있는 (두 자리 수)-(두 자리 수)(3)

계산은 빠르고 정확하게!

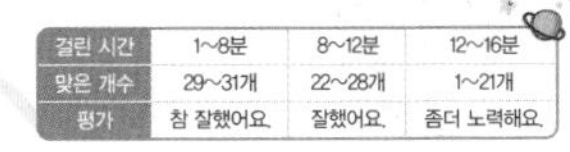

걸린 시간	1~8분	8~12분	12~16분
맞은 개수	29~31개	22~28개	1~21개
평가	참 잘했어요.	잘했어요.	좀더 노력해요.

계산을 하시오. (1 ~ 15)

1. $27 - 19 = 8$
2. $34 - 16 = 18$
3. $42 - 18 = 24$
4. $61 - 27 = 34$
5. $86 - 39 = 47$
6. $91 - 36 = 55$
7. $72 - 24 = 48$
8. $85 - 39 = 46$
9. $53 - 28 = 25$
10. $54 - 17 = 37$
11. $62 - 26 = 36$
12. $71 - 29 = 42$
13. $43 - 19 = 24$
14. $95 - 37 = 58$
15. $82 - 28 = 54$

계산을 하시오. (16 ~ 31)

16. $51-29=22$
17. $43-17=26$
18. $62-35=27$
19. $74-26=48$
20. $85-16=69$
21. $93-48=45$
22. $33-19=14$
23. $55-37=18$
24. $71-28=43$
25. $42-16=26$
26. $64-27=37$
27. $75-18=57$
28. $87-39=48$
29. $94-36=58$
30. $52-17=35$
31. $63-16=47$

받아내림이 한 번 있는 (두 자리 수)-(두 자리 수)(4)

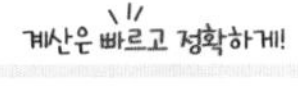

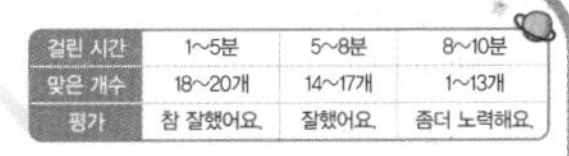

걸린 시간	1~5분	5~8분	8~10분
맞은 개수	18~20개	14~17개	1~13개
평가	참 잘했어요.	잘했어요.	좀더 노력해요.

□ 안에 알맞은 수를 써넣으시오. (1 ~ 10)

1
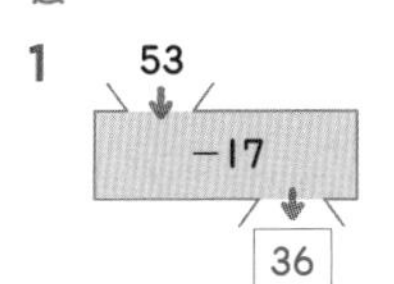

2
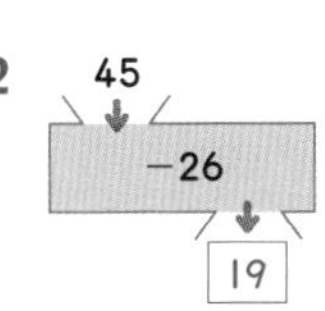

3
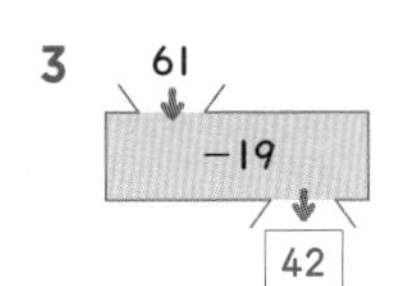

4
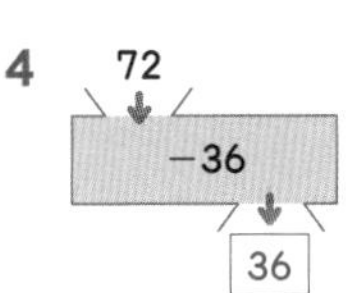

5
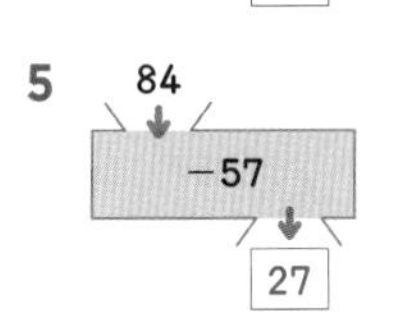

6
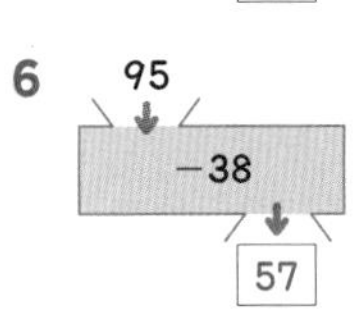

7
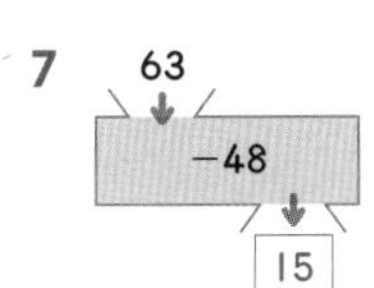

8
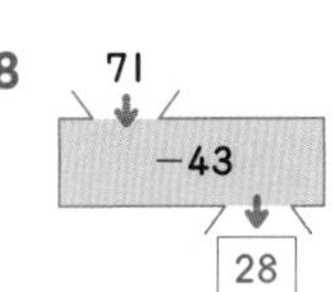

9
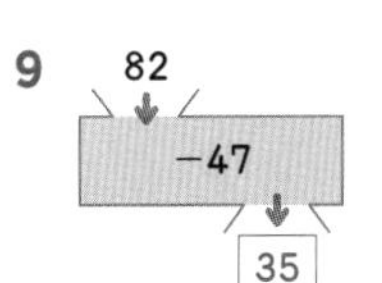

10
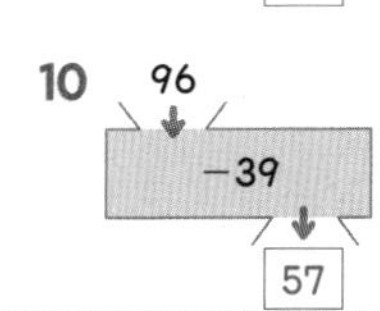

빈 곳에 알맞은 수를 써넣으시오. (11 ~ 20)

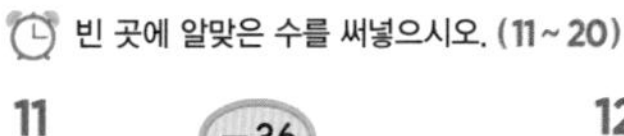

11
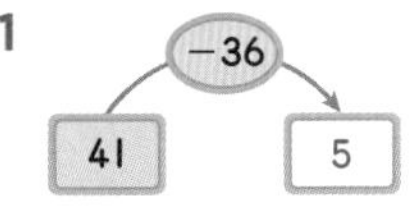

12
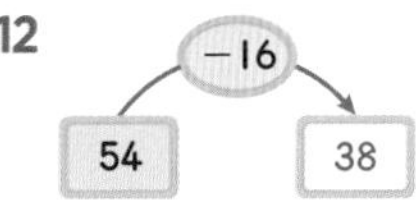

13
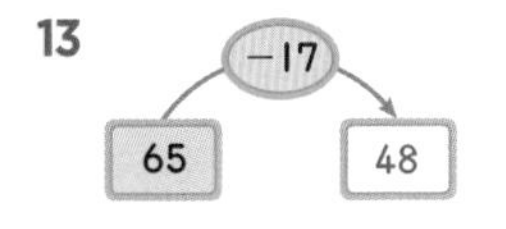

14
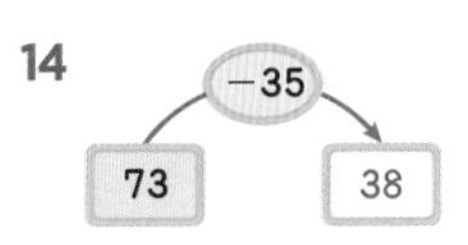

15
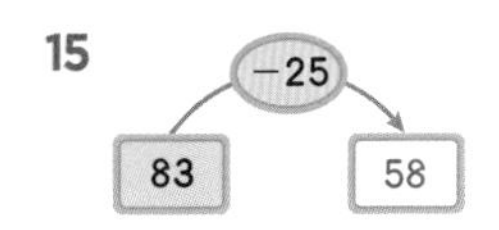

16
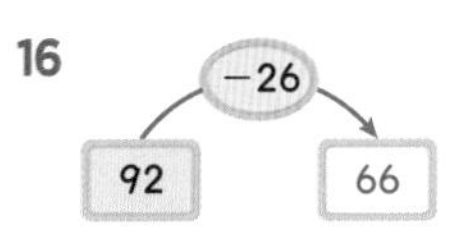

17
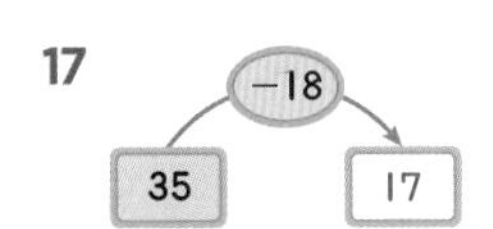

18
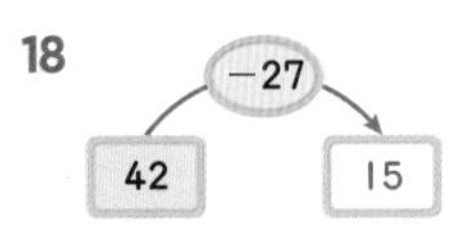

19
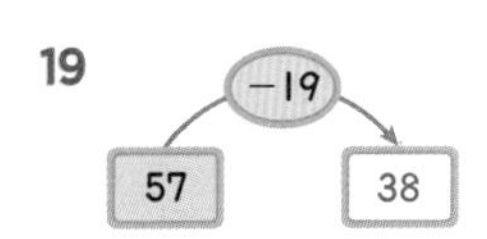

20
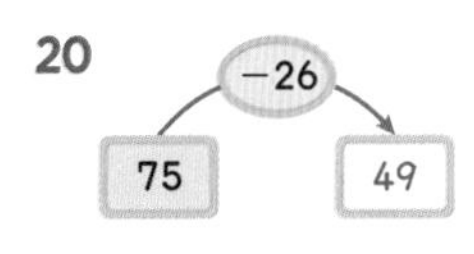

정답

4 백의 자리 숫자가 1인 (세 자리 수)-(두 자리 수)(1)

계산은 빠르고 정확하게!

걸린 시간	1~8분	8~12분	12~16분
맞은 개수	22~24개	17~21개	1~16개
평가	참 잘했어요.	잘했어요.	좀더 노력해요.

130－50의 계산

〈세로셈〉

	10		
	~~1~~	3	0
－		5	0
		8	0

〈가로셈〉

(10) ~~1~~ 3 0 － 5 0 ＝ 8 0

134－27의 계산

〈세로셈〉

		2	10
	1	~~3~~	4
－		2	7
	1	0	7

〈가로셈〉

(2 10) 1 ~~3~~ 4 － 2 7 ＝ 1 0 7

➡ 같은 자리 숫자끼리 뺄 수 없으면 위의 자리에서 10을 받아내림하여 계산합니다.

계산을 하시오. (1~9)

1. (10) ~~1~~10 － 30 ＝ 80
2. (10) ~~1~~20 － 50 ＝ 70
3. (10) ~~1~~30 － 70 ＝ 60
4. (10) ~~1~~40 － 90 ＝ 50
5. (10) ~~1~~50 － 60 ＝ 90
6. (10) ~~1~~60 － 80 ＝ 80
7. (10) ~~1~~20 － 60 ＝ 60
8. (10) ~~1~~30 － 80 ＝ 50
9. (10) ~~1~~50 － 90 ＝ 60

계산을 하시오. (10~24)

10. (2 10) 1~~3~~2 － 16 ＝ 116
11. (3 10) 1~~4~~3 － 18 ＝ 125
12. (1 10) 1~~2~~4 － 17 ＝ 107
13. (3 10) 1~~4~~1 － 25 ＝ 116
14. (2 10) 1~~3~~4 － 19 ＝ 115
15. (4 10) 1~~5~~5 － 27 ＝ 128
16. (4 10) 1~~5~~6 － 39 ＝ 117
17. (3 10) 1~~4~~4 － 25 ＝ 119
18. (5 10) 1~~6~~6 － 38 ＝ 128
19. (6 10) 1~~7~~3 － 35 ＝ 138
20. (5 10) 1~~6~~2 － 27 ＝ 135
21. (7 10) 1~~8~~7 － 39 ＝ 148
22. (5 10) 1~~6~~5 － 38 ＝ 127
23. (4 10) 1~~5~~3 － 37 ＝ 116
24. (6 10) 1~~7~~6 － 49 ＝ 127

4 백의 자리 숫자가 1인 (세 자리 수)-(두 자리 수)(2)

계산은 빠르고 정확하게!

걸린 시간	1~8분	8~12분	12~16분
맞은 개수	29~32개	23~28개	1~22개
평가	참 잘했어요.	잘했어요.	좀더 노력해요.

계산을 하시오. (1~16)

1. (10) ~~1~~10 － 40 ＝ 70
2. (10) ~~1~~20 － 30 ＝ 90
3. (10) ~~1~~30 － 60 ＝ 70
4. (10) ~~1~~40 － 70 ＝ 70
5. (10) ~~1~~50 － 80 ＝ 70
6. (10) ~~1~~20 － 90 ＝ 30
7. (10) ~~1~~20 － 40 ＝ 80
8. (10) ~~1~~30 － 50 ＝ 80
9. (10) ~~1~~40 － 80 ＝ 60
10. (10) ~~1~~20 － 70 ＝ 50
11. (10) ~~1~~60 － 70 ＝ 90
12. (10) ~~1~~70 － 90 ＝ 80
13. (10) ~~1~~30 － 40 ＝ 90
14. (10) ~~1~~40 － 80 ＝ 60
15. (10) ~~1~~50 － 90 ＝ 60
16. (10) ~~1~~20 － 80 ＝ 40

계산을 하시오. (17~32)

17. (2 10) 1~~3~~4 － 18 ＝ 116
18. (1 10) 1~~2~~1 － 15 ＝ 106
19. (3 10) 1~~4~~2 － 23 ＝ 119
20. (5 10) 1~~6~~6 － 38 ＝ 128
21. (4 10) 1~~5~~2 － 28 ＝ 124
22. (8 10) 1~~9~~3 － 57 ＝ 136
23. (6 10) 1~~7~~1 － 35 ＝ 136
24. (3 10) 1~~4~~5 － 18 ＝ 127
25. (7 10) 1~~8~~7 － 59 ＝ 128
26. (3 10) 1~~4~~3 － 19 ＝ 124
27. (8 10) 1~~9~~1 － 16 ＝ 175
28. (8 10) 1~~9~~3 － 44 ＝ 149
29. (6 10) 1~~7~~6 － 38 ＝ 138
30. (5 10) 1~~6~~2 － 47 ＝ 115
31. (7 10) 1~~8~~5 － 27 ＝ 158
32. (8 10) 1~~9~~7 － 48 ＝ 149

4 백의 자리 숫자가 1인 (세 자리 수)-(두 자리 수)(3)

계산은 빠르고 정확하게!

걸린 시간	1~8분	8~12분	12~16분
맞은 개수	28~31개	22~27개	1~21개
평가	참 잘했어요.	잘했어요.	좀더 노력해요.

계산을 하시오. (1~15)

1. 130 − 70 = 60
2. 140 − 90 = 50
3. 150 − 80 = 70
4. 160 − 90 = 70
5. 120 − 80 = 40
6. 110 − 70 = 40
7. 145 − 17 = 128
8. 156 − 39 = 117
9. 191 − 24 = 167
10. 183 − 26 = 157
11. 172 − 34 = 138
12. 164 − 17 = 147
13. 193 − 37 = 156
14. 185 − 18 = 167
15. 172 − 17 = 155

계산을 하시오. (16~31)

16. 120−90= 30
17. 130−80= 50
18. 130−70= 60
19. 150−60= 90
20. 110−90= 20
21. 160−80= 80
22. 145−19= 126
23. 155−49= 106
24. 192−35= 157
25. 171−28= 143
26. 164−57= 107
27. 183−26= 157
28. 154−28= 126
29. 142−16= 126
30. 175−37= 138
31. 193−29= 164

4 백의 자리 숫자가 1인 (세 자리 수)-(두 자리 수)(4)

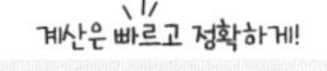

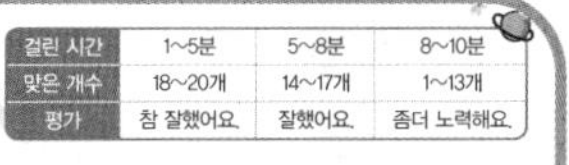

걸린 시간	1~5분	5~8분	8~10분
맞은 개수	18~20개	14~17개	1~13개
평가	참 잘했어요.	잘했어요.	좀더 노력해요.

□ 안에 알맞은 수를 써넣으시오. (1~10)

1
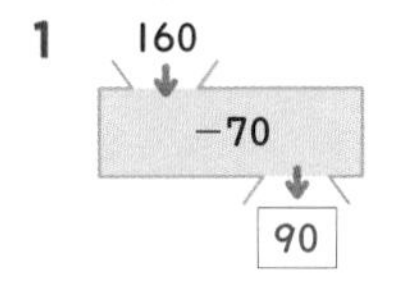

2
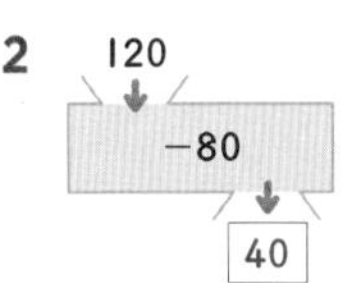

3
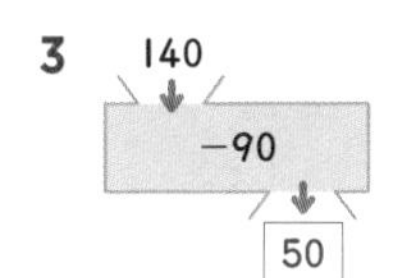

4
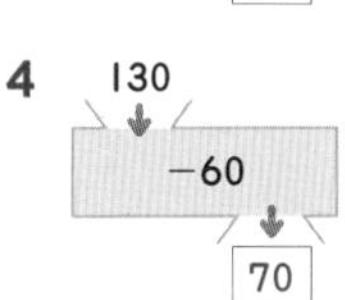

5
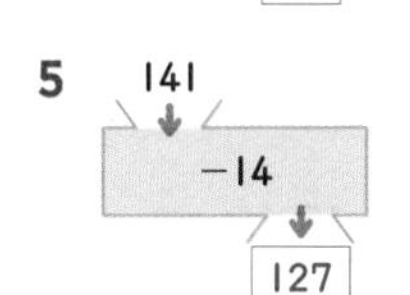

6
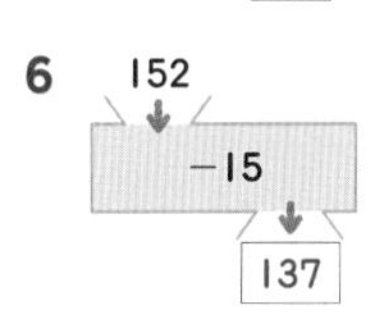

7
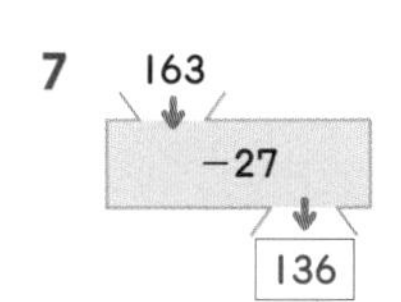

8
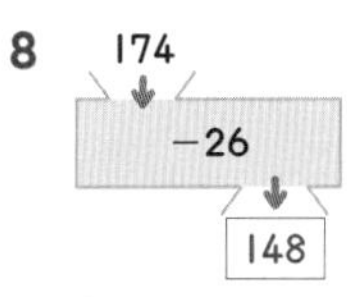

9
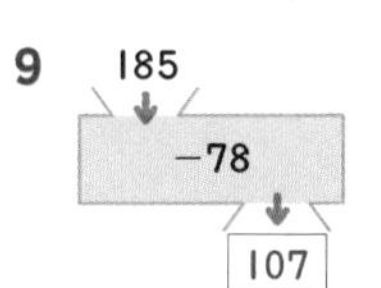

10
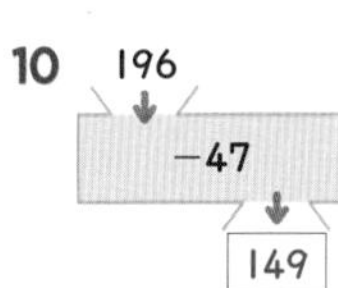

빈 곳에 알맞은 수를 써넣으시오. (11~20)

11
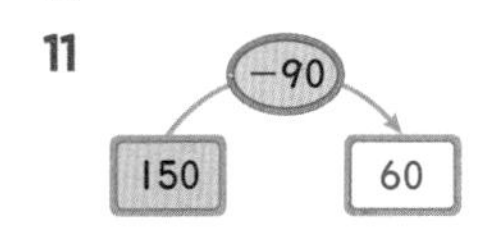

12
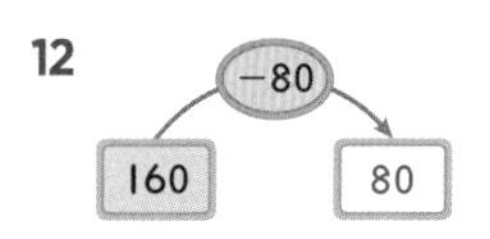

13
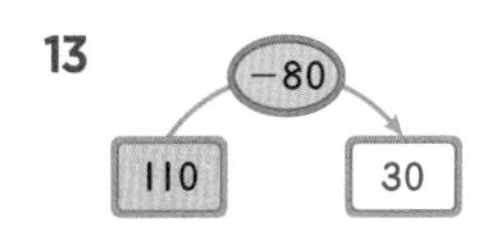

14
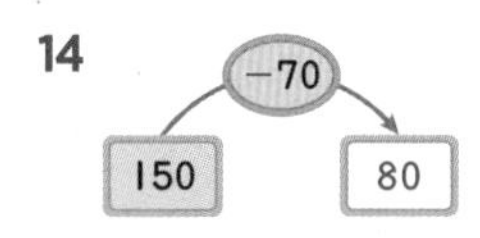

15
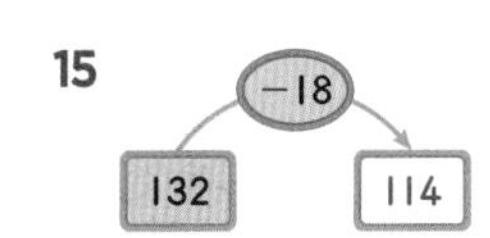

16
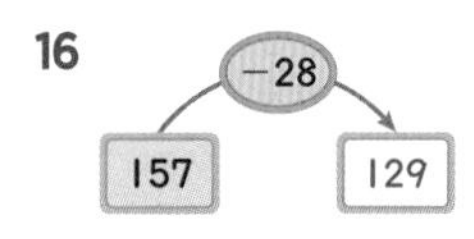

17
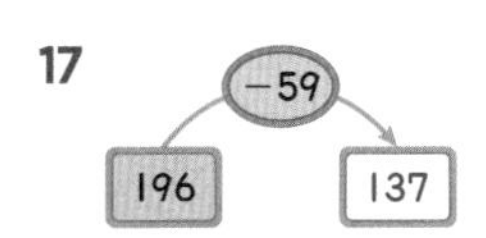

18
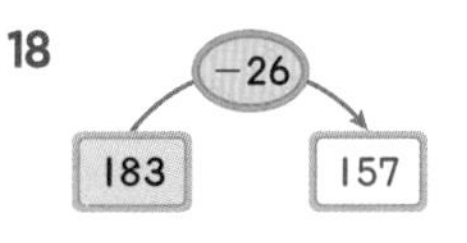

19
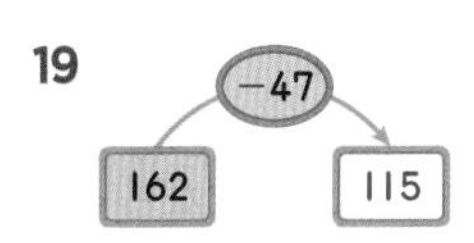

20
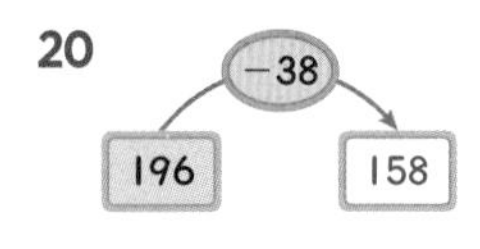

5 여러 가지 방법으로 빼셈하기(1)

계산은 빠르고 정확하게!

걸린 시간	1~5분	5~8분	8~10분
맞은 개수	19~21개	15~18개	1~14개
평가	참 잘했어요.	잘했어요.	좀더 노력해요.

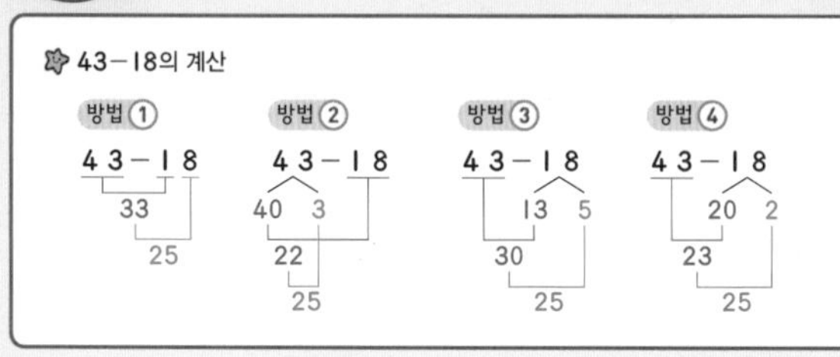

43−18의 계산
방법 ① 43−18 33 25
방법 ② 43−18 40 3 22 25
방법 ③ 43−18 13 5 30 25
방법 ④ 43−18 20 2 23 25

□ 안에 알맞은 수를 써넣으시오. (1~9)

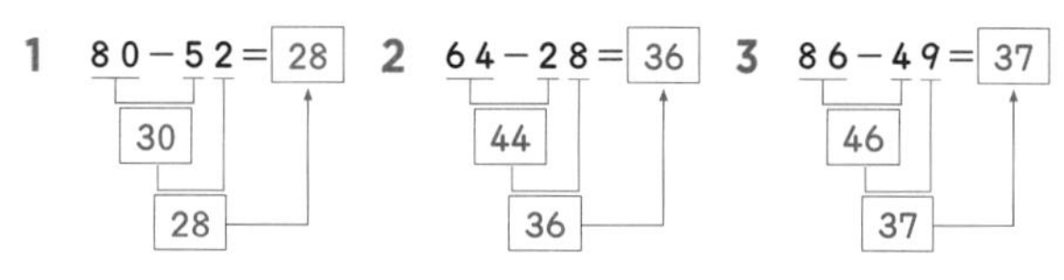

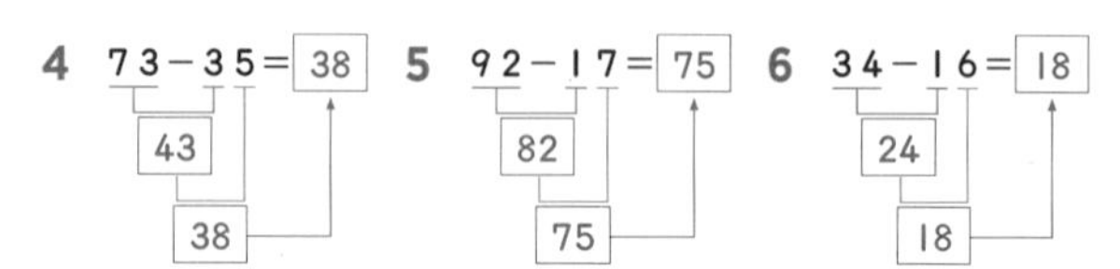

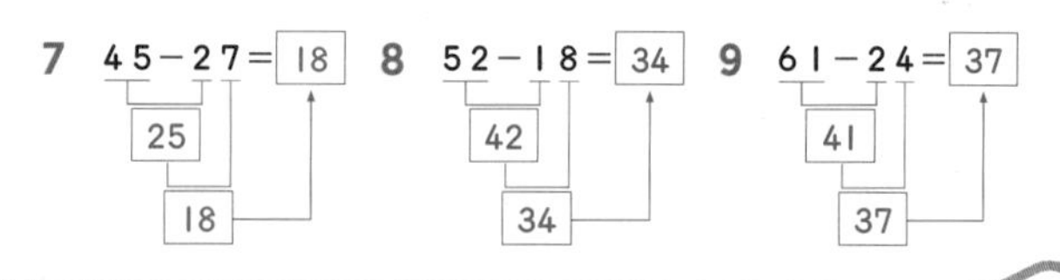

□ 안에 알맞은 수를 써넣으시오. (10~21)

10 63−17 =63−10−7 =53−7 =46

11 54−25 =54−20−5 =34−5 =29

12 45−37 =45−30−7 =15−7 =8

13 52−34 =52−30−4 =22−4 =18

14 61−16 =61−10−6 =51−6 =45

15 36−19 =36−10−9 =26−9 =17

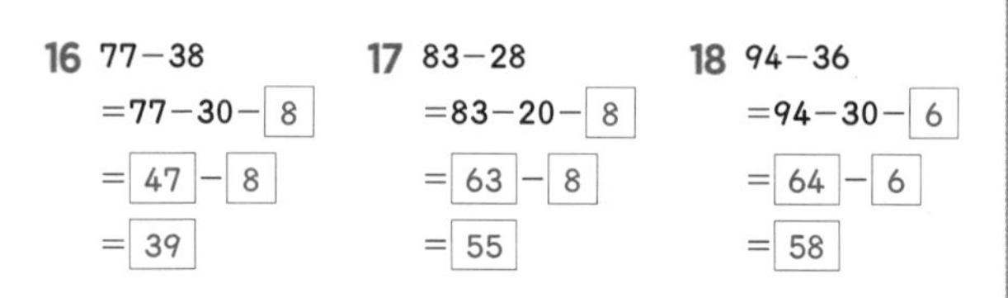

19 65−39 =65−30−9 =35−9 =26

20 71−27 =71−20−7 =51−7 =44

21 82−65 =82−60−5 =22−5 =17

5 여러 가지 방법으로 빼셈하기(2)

계산은 빠르고 정확하게!

걸린 시간	1~5분	5~8분	8~10분
맞은 개수	18~20개	14~17개	1~13개
평가	참 잘했어요.	잘했어요.	좀더 노력해요.

□ 안에 알맞은 수를 써넣으시오. (1~8)

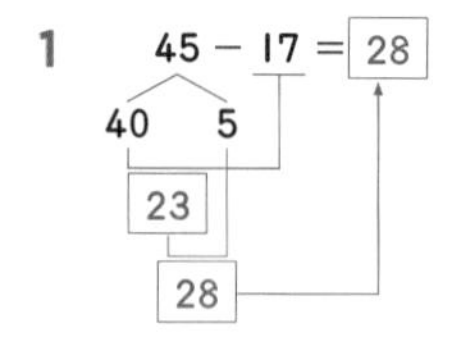

2 57 − 28 = 29 (50, 7) 22 29

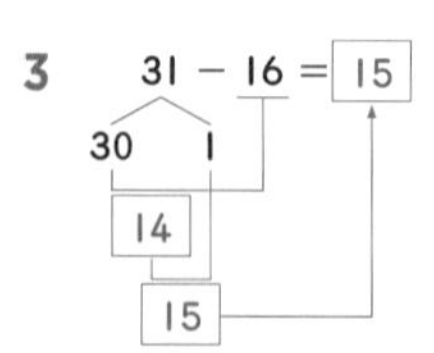

4 42 − 25 = 17 (40, 2) 15 17

5 66 − 29 = 37 (60, 6) 31 37

6 75 − 38 = 37 (70, 5) 32 37

7 53 − 36 = 17 (50, 3) 14 17

8 85 − 39 = 46 (80, 5) 41 46

□ 안에 알맞은 수를 써넣으시오. (9~20)

9 55−18 =50−18+5 =32+5 =37

10 63−25 =60−25+3 =35+3 =38

11 72−26 =70−26+2 =44+2 =46

12 66−49 =60−49+6 =11+6 =17

13 74−55 =70−55+4 =15+4 =19

14 81−27 =80−27+1 =53+1 =54

15 75−37 =70−37+5 =33+5 =38

16 83−36 =80−36+3 =44+3 =47

17 92−44 =90−44+2 =46+2 =48

18 64−26 =60−26+4 =34+4 =38

19 51−26 =50−26+1 =24+1 =25

20 86−38 =80−38+6 =42+6 =48

5 여러 가지 방법으로 빼셈하기 (3)

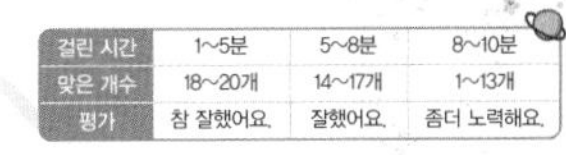

□ 안에 알맞은 수를 써넣으시오. (1~8)

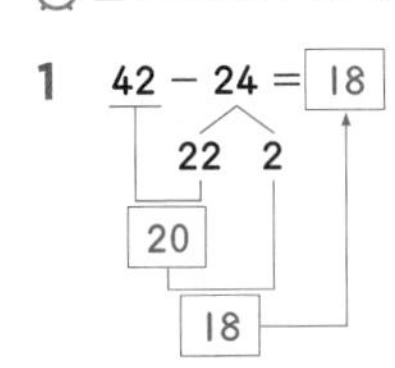

1. 42 − 24 = 18 (22, 2 / 20 / 18)
2. 54 − 17 = 37 (14, 3 / 40 / 37)
3. 63 − 27 = 36 (23, 4 / 40 / 36)
4. 75 − 38 = 37 (35, 3 / 40 / 37)
5. 81 − 56 = 25 (51, 5 / 30 / 25)
6. 96 − 28 = 68 (26, 2 / 70 / 68)
7. 57 − 38 = 19 (37, 1 / 20 / 19)
8. 62 − 35 = 27 (32, 3 / 30 / 27)

□ 안에 알맞은 수를 써넣으시오. (9~20)

9. 55−28 = 55−25−3 = 30−3 = 27
10. 47−19 = 47−17−2 = 30−2 = 28
11. 63−27 = 63−23−4 = 40−4 = 36
12. 34−18 = 34−14−4 = 20−4 = 16
13. 71−25 = 71−21−4 = 50−4 = 46
14. 82−36 = 82−32−4 = 50−4 = 46
15. 66−37 = 66−36−1 = 30−1 = 29
16. 75−39 = 75−35−4 = 40−4 = 36
17. 94−47 = 94−44−3 = 50−3 = 47
18. 52−26 = 52−22−4 = 30−4 = 26
19. 83−35 = 83−33−2 = 50−2 = 48
20. 91−36 = 91−31−5 = 60−5 = 55

5 여러 가지 방법으로 빼셈하기 (4)

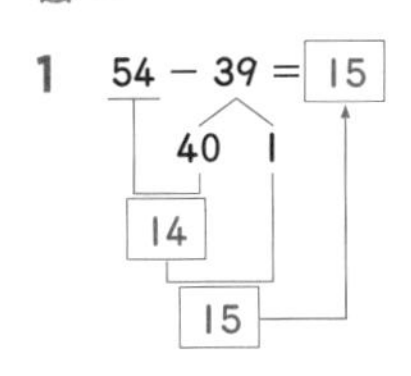

□ 안에 알맞은 수를 써넣으시오. (1~8)

1. 54 − 39 = 15 (40, 1 / 14 / 15)
2. 71 − 48 = 23 (50, 2 / 21 / 23)
3. 62 − 27 = 35 (30, 3 / 32 / 35)
4. 83 − 36 = 47 (40, 4 / 43 / 47)
5. 95 − 29 = 66 (30, 1 / 65 / 66)
6. 57 − 29 = 28 (30, 1 / 27 / 28)
7. 74 − 27 = 47 (30, 3 / 44 / 47)
8. 82 − 36 = 46 (40, 4 / 42 / 46)

□ 안에 알맞은 수를 써넣으시오. (9~20)

9. 55−28 = 55−30+2 = 25+2 = 27
10. 64−17 = 64−20+3 = 44+3 = 47
11. 73−36 = 73−40+4 = 33+4 = 37
12. 81−37 = 81−40+3 = 41+3 = 44
13. 92−19 = 92−20+1 = 72+1 = 73
14. 56−39 = 56−40+1 = 16+1 = 17
15. 74−26 = 74−30+4 = 44+4 = 48
16. 93−38 = 93−40+2 = 53+2 = 55
17. 82−49 = 82−50+1 = 32+1 = 33
18. 61−27 = 61−30+3 = 31+3 = 34
19. 53−16 = 53−20+4 = 33+4 = 37
20. 76−57 = 76−60+3 = 16+3 = 19

5 여러 가지 방법으로 뺄셈하기 (5)

계산은 빠르고 정확하게!

걸린 시간	1~12분	12~18분	18~24분
맞은 개수	11~12개	8~10개	1~7개
평가	참 잘했어요.	잘했어요.	좀더 노력해요.

주어진 식을 두 가지 방법으로 계산하시오. (1 ~ 6)

1 (36−19) 예
방법① $36-19=36-20+1=16+1=17$
방법② $36-19=36-10-9=26-9=17$

2 (45−28) 예
방법① $45-28=45-25-3=20-3=17$
방법② $45-28=45-30+2=15+2=17$

3 (73−25) 예
방법① $73-25=73-23-2=50-2=48$
방법② $73-25=73-20-5=53-5=48$

4 (64−17) 예
방법① $64-17=60-17+4=43+4=47$
방법② $64-17=64-20+3=44+3=47$

5 (82−28) 예
방법① $82-28=82-20-8=62-8=54$
방법② $82-28=82-22-6=60-6=54$

6 (91−34) 예
방법① $91-34=91-31-3=60-3=57$
방법② $91-34=91-30-4=61-4=57$

주어진 식을 두 가지 방법으로 계산하시오. (7 ~ 12)

7 (57−29) 예
방법① $57-29=50-29+7=21+7=28$
방법② $57-29=57-30+1=27+1=28$

8 (42−35) 예
방법① $42-35=42-32-3=10-3=7$
방법② $42-35=42-30-5=12-5=7$

9 (71−45) 예
방법① $71-45=71-40-5=31-5=26$
방법② $71-45=70-45+1=25+1=26$

10 (83−36) 예
방법① $83-36=83-40+4=43+4=47$
방법② $83-36=80-36+3=44+3=47$

11 (65−36) 예
방법① $65-36=65-30-6=35-6=29$
방법② $65-36=60-36+5=24+5=29$

12 (94−58) 예
방법① $94-58=94-60+2=34+2=36$
방법② $94-58=94-50-8=44-8=36$

6 신기한 연산

계산은 빠르고 정확하게!

걸린 시간	1~15분	15~22분	22~30분
맞은 개수	18~19개	14~17개	1~13개
평가	참 잘했어요.	잘했어요.	좀더 노력해요.

뺄셈식이 성립하도록 □ 안에 알맞은 수를 써넣으시오. (1 ~ 15)

1 $42-\boxed{1}5=2\boxed{7}$

2 $53-\boxed{3}4=1\boxed{9}$

3 $97-\boxed{4}9=4\boxed{8}$

4 $\boxed{8}2-36=4\boxed{6}$

5 $\boxed{7}4-47=2\boxed{7}$

6 $\boxed{9}6-58=3\boxed{8}$

7 $\boxed{7}3-3\boxed{6}=37$

8 $\boxed{9}4-4\boxed{8}=46$

9 $\boxed{8}5-5\boxed{7}=28$

10 $6\boxed{2}-\boxed{2}4=38$

11 $7\boxed{3}-\boxed{4}9=24$

12 $8\boxed{4}-\boxed{5}5=29$

13 $57-2\boxed{8}=\boxed{2}9$

14 $65-2\boxed{7}=\boxed{3}8$

15 $73-3\boxed{6}=\boxed{3}7$

주어진 숫자 카드 중 4장을 뽑아 두 자리 수를 2개 만들 때, 두 수의 차가 가장 큰 경우와 두 수의 차가 가장 작은 경우를 각각 구하시오. (16 ~ 19)

16

차가 가장 클 때: $\boxed{9}\boxed{7}-\boxed{1}\boxed{3}=\boxed{8}\boxed{4}$

차가 가장 작을 때: $\boxed{7}\boxed{1}-\boxed{6}\boxed{9}=\boxed{2}$

17

차가 가장 클 때: $\boxed{9}\boxed{8}-\boxed{2}\boxed{4}=\boxed{7}\boxed{4}$

차가 가장 작을 때: $\boxed{9}\boxed{2}-\boxed{8}\boxed{6}=\boxed{6}$

18

차가 가장 클 때: $\boxed{9}\boxed{7}-\boxed{1}\boxed{2}=\boxed{8}\boxed{5}$

차가 가장 작을 때: $\boxed{5}\boxed{1}-\boxed{4}\boxed{9}=\boxed{2}$

19

차가 가장 클 때: $\boxed{9}\boxed{8}-\boxed{2}\boxed{3}=\boxed{7}\boxed{5}$

차가 가장 작을 때: $\boxed{6}\boxed{2}-\boxed{5}\boxed{9}=\boxed{3}$

P 52~54

확인 평가

걸린 시간	1~15분	15~22분	22~30분
맞은 개수	34~37개	26~33개	1~25개
평가	참 잘했어요.	잘했어요.	좀더 노력해요.

계산을 하시오. (1 ~ 15)

1. 35 − 7 = 28
2. 44 − 8 = 36
3. 53 − 9 = 44
4. 50 − 12 = 38
5. 63 − 34 = 26
6. 80 − 26 = 54
7. 41 − 17 = 24
8. 53 − 27 = 26
9. 65 − 49 = 16
10. 72 − 24 = 48
11. 84 − 35 = 49
12. 96 − 69 = 27
13. 143 − 26 = 117
14. 164 − 37 = 127
15. 182 − 58 = 124

계산을 하시오. (16 ~ 31)

16. 46 − 7 = 39
17. 62 − 9 = 53
18. 53 − 8 = 45
19. 91 − 6 = 85
20. 44 − 19 = 25
21. 56 − 27 = 29
22. 75 − 28 = 47
23. 82 − 25 = 57
24. 60 − 23 = 37
25. 50 − 39 = 11
26. 70 − 18 = 52
27. 80 − 47 = 33
28. 123 − 14 = 109
29. 146 − 28 = 118
30. 196 − 37 = 159
31. 182 − 46 = 136

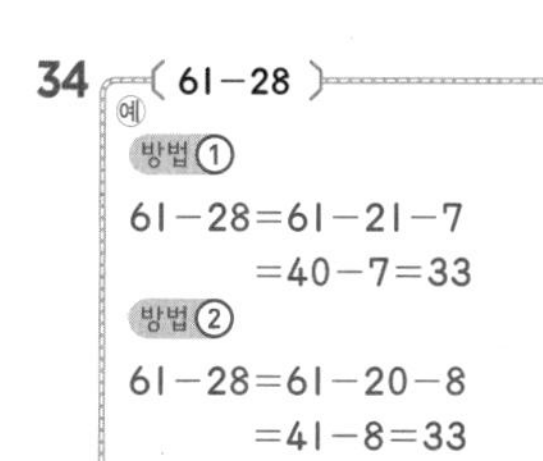

확인 평가

주어진 식을 두 가지 방법으로 계산하시오. (32 ~ 37)

32 (44−25)
예
방법①
44−25=44−20−5
=24−5=19
방법②
44−25=40−25+4
=15+4=19

33 (73−16)
예
방법①
73−16=73−20+4
=53+4=57
방법②
73−16=73−10−6
=63−6=57

34 (61−28)
예
방법①
61−28=61−21−7
=40−7=33
방법②
61−28=61−20−8
=41−8=33

35 (82−34)
예
방법①
82−34=82−30−4
=52−4=48
방법②
82−34=80−34+2
=46+2=48

36 (55−27)
예
방법①
55−27=55−30+3
=25+3=28
방법②
55−27=55−25−2
=30−2=28

37 (96−39)
예
방법①
96−39=96−40+1
=56+1=57
방법②
96−39=96−30−9
=66−9=57

크라운 온라인 평가 응시 방법

에듀왕닷컴 접속 www.eduwang.com

메인 상단 메뉴에서 단원평가 클릭

단계 및 단원 선택

온라인 단원평가 실시(30분 동안 평가 실시)

크라운 확인

각 단원평가를 통해 100점을 받으시면 크라운 1개를 드리며, 획득하신 크라운으로 에듀왕 닷컴에서 판매하고 있는 교재 및 서비스를 무료로 구매하실 수 있습니다.
(크라운 1개 – 1000원)

정답

❷ 받아내림이 두 번 있는 뺄셈 P 56~59

1 받아내림이 두 번 있는 (백 몇십)-(두 자리 수)(1)

학습 날짜 월 일

계산은 빠르고 정확하게!

걸린 시간	1~8분	8~12분	12~16분
맞은 개수	22~24개	17~21개	1~16개
평가	참 잘했어요.	잘했어요.	좀더 노력해요.

130－53의 계산

(1) 일의 자리 숫자끼리 뺄 수 없으므로 십의 자리에서 10을 받아내림하여 십의 자리에는 1 작은 수를, 일의 자리에는 10을 작게 쓴 후 계산합니다.

(2) 십의 자리 숫자끼리 뺄 수 없으므로 백의 자리에서 받아내림하여 십의 자리에 10을 작게 쓴 후 계산합니다.

〈세로셈〉 130 − 53 = 77 〈가로셈〉 130 − 53 = 77

계산을 하시오. (1 ~ 9)

1. 120 − 45 = 75
2. 140 − 58 = 82
3. 160 − 92 = 68
4. 110 − 84 = 26 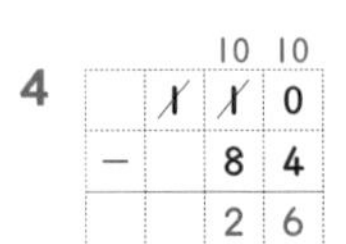
5. 130 − 37 = 93 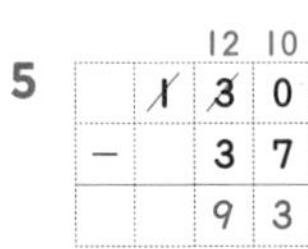
6. 150 − 77 = 73
7. 170 − 83 = 87 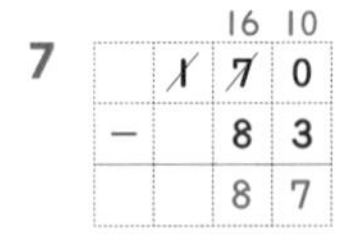
8. 140 − 91 = 49 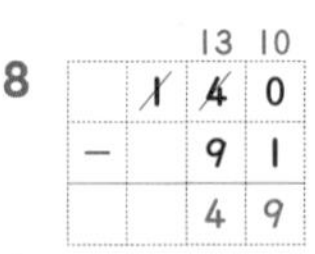
9. 120 − 29 = 91

계산을 하시오. (10 ~ 24)

10. 110 − 46 = 64
11. 120 − 37 = 83
12. 130 − 31 = 99
13. 140 − 63 = 77
14. 150 − 92 = 58
15. 160 − 82 = 78
16. 170 − 79 = 91
17. 180 − 99 = 81 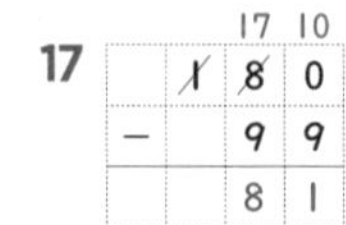
18. 140 − 88 = 52
19. 130 − 56 = 74
20. 150 − 77 = 73 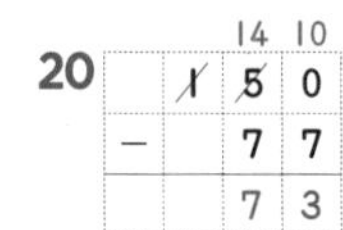
21. 140 − 69 = 71 
22. 120 − 83 = 37
23. 140 − 54 = 86
24. 160 − 95 = 65

1 받아내림이 두 번 있는 (백 몇십)-(두 자리 수)(2)

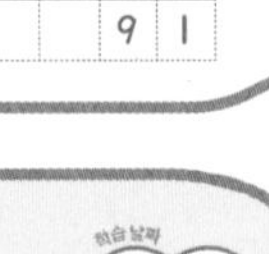

학습 날짜 월 일

계산은 빠르고 정확하게!

걸린 시간	1~10분	10~15분	15~20분
맞은 개수	29~32개	23~28개	1~22개
평가	참 잘했어요.	잘했어요.	좀더 노력해요.

계산을 하시오. (1 ~ 16)

1. 120 − 59 = 61
2. 150 − 67 = 83
3. 110 − 27 = 83
4. 180 − 95 = 85
5. 150 − 93 = 57
6. 140 − 64 = 76
7. 120 − 72 = 48
8. 150 − 85 = 65
9. 160 − 84 = 76
10. 110 − 73 = 37
11. 170 − 85 = 85
12. 190 − 97 = 93
13. 120 − 38 = 82
14. 150 − 54 = 96
15. 130 − 56 = 74
16. 170 − 77 = 93

계산을 하시오. (17 ~ 32)

17. 110 − 84 = 26
18. 130 − 35 = 95
19. 150 − 67 = 83
20. 170 − 93 = 77
21. 120 − 36 = 84
22. 140 − 72 = 68
23. 160 − 71 = 89
24. 180 − 89 = 91
25. 130 − 52 = 78
26. 110 − 31 = 79
27. 170 − 89 = 81
28. 150 − 76 = 74
29. 140 − 67 = 73
30. 120 − 63 = 57
31. 180 − 99 = 81
32. 160 − 86 = 74

1 받아내림이 두 번 있는 (백 몇십)-(두 자리 수) (3)

계산은 빠르고 정확하게!

걸린 시간	1~10분	10~15분	15~20분
맞은 개수	28~31개	22~27개	1~21개
평가	참 잘했어요.	잘했어요.	좀더 노력해요.

계산을 하시오. (1 ~ 15)

1. $110 - 54 = \boxed{56}$
2. $120 - 43 = \boxed{77}$
3. $130 - 32 = \boxed{98}$
4. $140 - 78 = \boxed{62}$
5. $150 - 55 = \boxed{95}$
6. $160 - 61 = \boxed{99}$
7. $170 - 87 = \boxed{83}$
8. $180 - 94 = \boxed{86}$
9. $190 - 99 = \boxed{91}$
10. $130 - 53 = \boxed{77}$
11. $150 - 72 = \boxed{78}$
12. $160 - 88 = \boxed{72}$
13. $140 - 45 = \boxed{95}$
14. $170 - 93 = \boxed{77}$
15. $180 - 81 = \boxed{99}$

계산을 하시오. (16 ~ 31)

16 $110-49=\boxed{61}$

17 $140-57=\boxed{83}$

18 $120-34=\boxed{86}$

19 $170-85=\boxed{85}$

20 $140-83=\boxed{57}$

21 $130-54=\boxed{76}$

22 $150-73=\boxed{77}$

23 $140-75=\boxed{65}$

24 $160-68=\boxed{92}$

25 $170-94=\boxed{76}$

26 $180-87=\boxed{93}$

27 $190-91=\boxed{99}$

28 $160-83=\boxed{77}$

29 $150-86=\boxed{64}$

30 $140-92=\boxed{48}$

31 $130-57=\boxed{73}$

1 받아내림이 두 번 있는 (백 몇십)-(두 자리 수) (4)

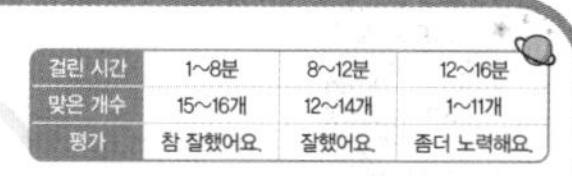

걸린 시간	1~8분	8~12분	12~16분
맞은 개수	15~16개	12~14개	1~11개
평가	참 잘했어요.	잘했어요.	좀더 노력해요.

빈 곳에 알맞은 수를 써넣으시오. (1 ~ 8)

1
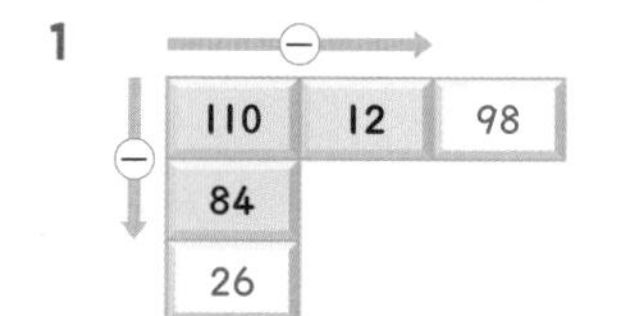

2
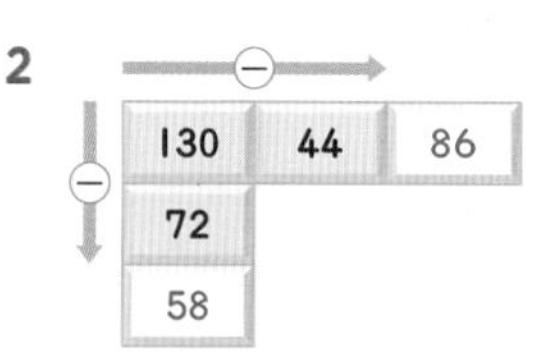

3
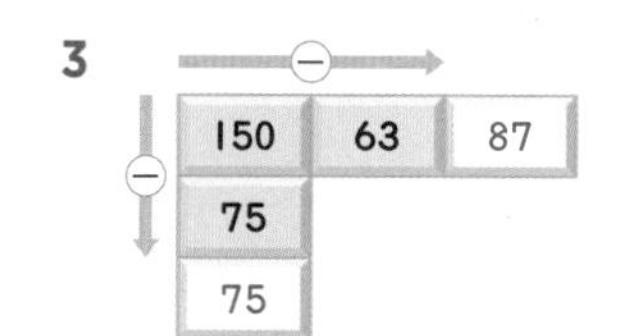

4
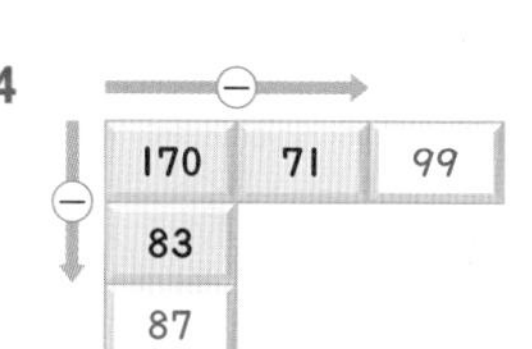

5
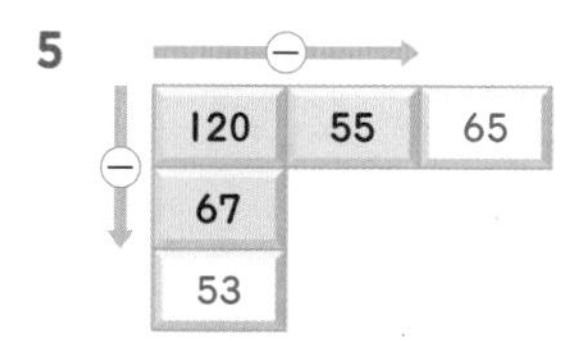

6
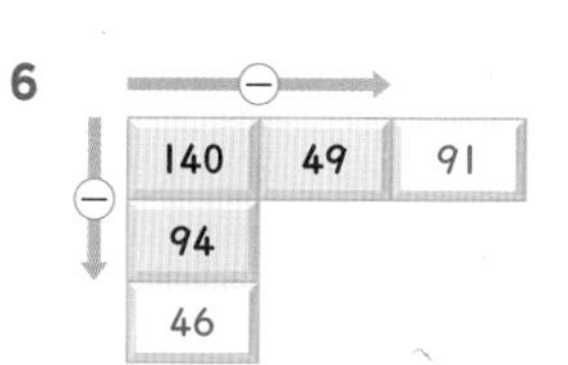

7
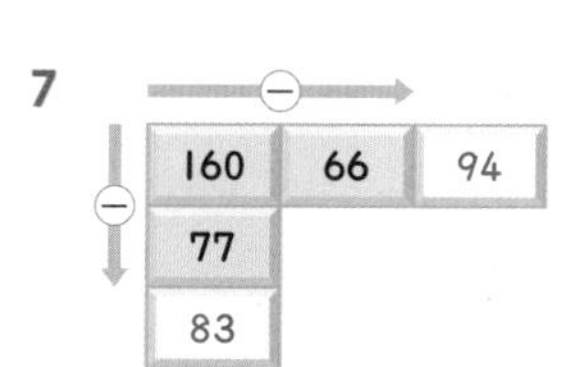

8
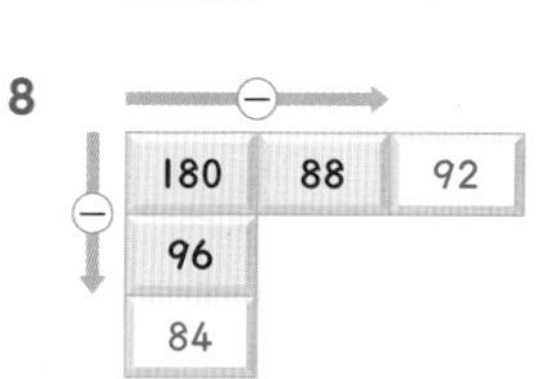

빈 곳에 알맞은 수를 써넣으시오. (9 ~ 16)

9
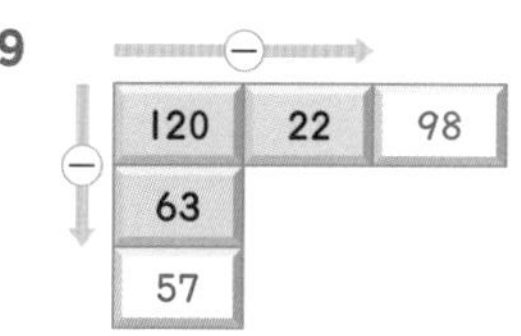

10
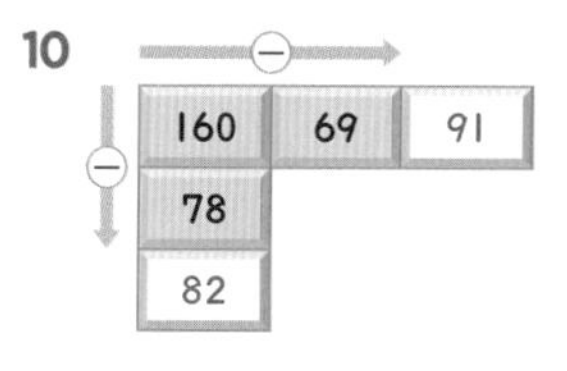

11
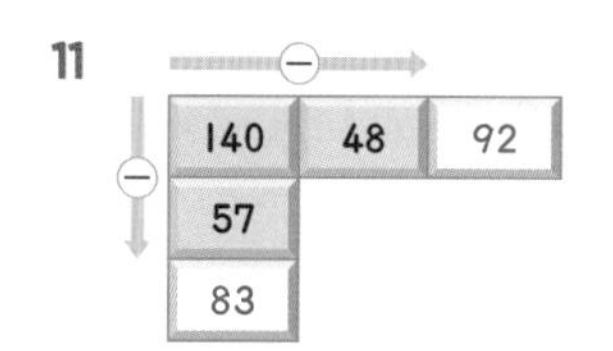

12
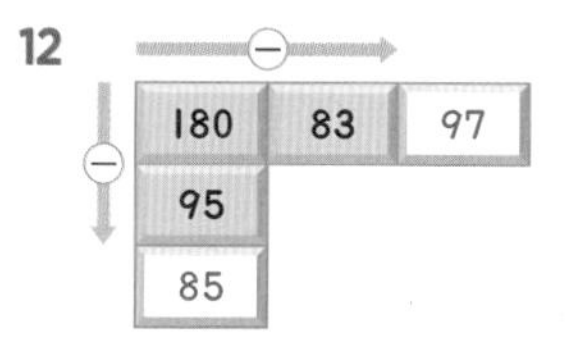

13
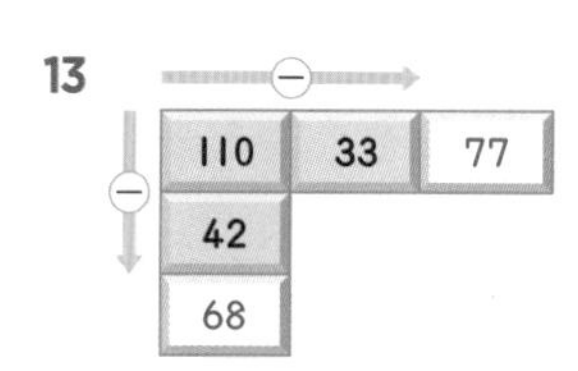

14
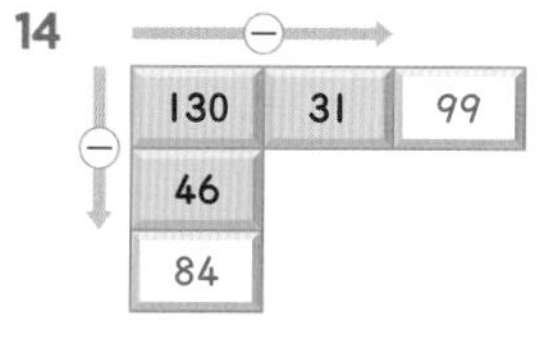

15
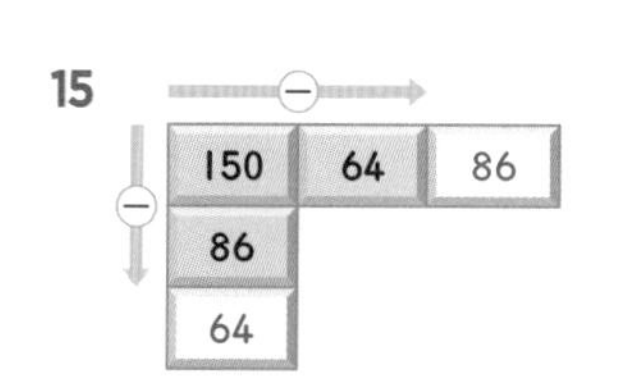

16
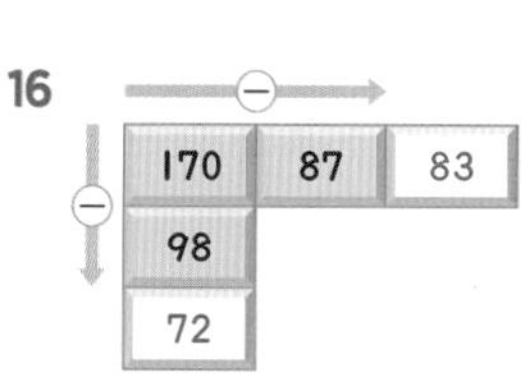

정답

2 백의 자리 숫자가 1인 (세 자리 수)-(두 자리 수)(1)

계산은 빠르고 정확하게!

걸린 시간	1~8분	8~12분	12~16분
맞은 개수	22~24개	17~21개	1~16개
평가	참 잘했어요.	잘했어요.	좀더 노력해요.

124−56의 계산

(1) 일의 자리 숫자끼리 뺄 수 없으므로 십의 자리에서 10을 받아내림하여 십의 자리에는 1 작은 수를, 일의 자리에는 10을 작게 쓴 후 계산합니다.

(2) 십의 자리 숫자끼리 뺄 수 없으므로 백의 자리에서 받아내림하여 십의 자리에 10을 작게 쓴 후 계산합니다.

〈세로셈〉 (11 10) 124 − 56 = 68

〈가로셈〉 (11 10) 124 − 56 = 68

계산을 하시오. (1~9)

1. (10 10) 112 − 35 = 77
2. (11 10) 123 − 57 = 66
3. (12 10) 134 − 69 = 65
4. (13 10) 145 − 78 = 67
5. (14 10) 156 − 67 = 89
6. (15 10) 167 − 89 = 78
7. (16 10) 171 − 76 = 95
8. (12 10) 132 − 88 = 44
9. (13 10) 147 − 79 = 68

계산을 하시오. (10~24)

10. (11 10) 125 − 49 = 76
11. (12 10) 134 − 57 = 77
12. (13 10) 143 − 65 = 78
13. (14 10) 152 − 58 = 94
14. (15 10) 161 − 73 = 88
15. (16 10) 176 − 89 = 87
16. (17 10) 183 − 86 = 97
17. (13 10) 146 − 88 = 58
18. (12 10) 135 − 56 = 79
19. (11 10) 124 − 78 = 46
20. (10 10) 113 − 28 = 85
21. (13 10) 144 − 59 = 85
22. (14 10) 153 − 67 = 86
23. (15 10) 168 − 79 = 89
24. (16 10) 172 − 95 = 77

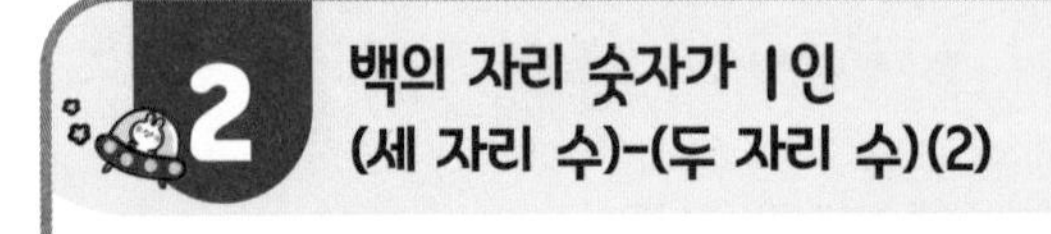

2 백의 자리 숫자가 1인 (세 자리 수)-(두 자리 수)(2)

계산은 빠르고 정확하게!

걸린 시간	1~10분	10~15분	15~20분
맞은 개수	29~32개	23~28개	1~22개
평가	참 잘했어요.	잘했어요.	좀더 노력해요.

계산을 하시오. (1~16)

1. (12 10) 136 − 59 = 77
2. (14 10) 151 − 88 = 63
3. (10 10) 117 − 49 = 68
4. (11 10) 125 − 76 = 49
5. (15 10) 164 − 67 = 97
6. (10 10) 115 − 58 = 57

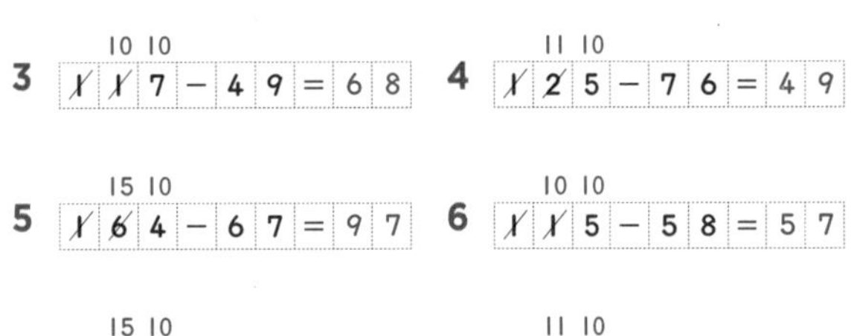

7. (15 10) 162 − 87 = 75
8. (11 10) 123 − 75 = 48
9. (12 10) 137 − 69 = 68
10. (11 10) 124 − 48 = 76
11. (13 10) 142 − 86 = 56
12. (16 10) 173 − 99 = 74
13. (12 10) 135 − 66 = 69
14. (10 10) 114 − 57 = 57
15. (10 10) 111 − 34 = 77
16. (13 10) 143 − 56 = 87

계산을 하시오. (17~32)

17. (12 10) 135 − 58 = 77
18. (15 10) 162 − 87 = 75
19. (10 10) 116 − 47 = 69
20. (11 10) 124 − 66 = 58
21. (15 10) 163 − 65 = 98
22. (10 10) 114 − 59 = 55

23. (15 10) 161 − 86 = 75
24. (11 10) 122 − 74 = 48
25. (12 10) 136 − 47 = 89
26. (11 10) 125 − 57 = 68
27. (13 10) 141 − 88 = 53
28. (16 10) 172 − 89 = 83
29. (12 10) 134 − 67 = 67
30. (13 10) 145 − 58 = 87
31. (11 10) 121 − 45 = 76
32. (12 10) 138 − 79 = 59

2 백의 자리 숫자가 1인 (세 자리 수)-(두 자리 수)(3)

계산은 빠르고 정확하게!

걸린 시간	1~10분	10~15분	15~20분
맞은 개수	29~31개	23~28개	1~22개
평가	참 잘했어요.	잘했어요.	좀더 노력해요.

계산을 하시오. (1 ~ 15)

1. $114 - 79 = \boxed{35}$
2. $122 - 57 = \boxed{65}$
3. $181 - 93 = \boxed{88}$
4. $108 - 29 = \boxed{79}$
5. $145 - 48 = \boxed{97}$
6. $127 - 39 = \boxed{88}$
7. $125 - 87 = \boxed{38}$
8. $143 - 79 = \boxed{64}$
9. $154 - 66 = \boxed{88}$
10. $133 - 58 = \boxed{75}$
11. $161 - 74 = \boxed{87}$
12. $126 - 99 = \boxed{27}$
13. $153 - 69 = \boxed{84}$
14. $116 - 47 = \boxed{69}$
15. $115 - 96 = \boxed{19}$

계산을 하시오. (16 ~ 31)

16. $117-49=\boxed{68}$
17. $126-67=\boxed{59}$
18. $135-58=\boxed{77}$
19. $141-87=\boxed{54}$
20. $153-75=\boxed{78}$
21. $162-76=\boxed{86}$
22. $174-86=\boxed{88}$
23. $187-89=\boxed{98}$
24. $116-38=\boxed{78}$
25. $124-57=\boxed{67}$
26. $131-93=\boxed{38}$
27. $144-69=\boxed{75}$
28. $152-78=\boxed{74}$
29. $167-78=\boxed{89}$
30. $163-67=\boxed{96}$
31. $178-99=\boxed{79}$

2 백의 자리 숫자가 1인 (세 자리 수)-(두 자리 수)(4)

계산은 빠르고 정확하게!

걸린 시간	1~8분	8~12분	12~16분
맞은 개수	15~16개	12~14개	1~11개
평가	참 잘했어요.	잘했어요.	좀더 노력해요.

빈 곳에 알맞은 수를 써넣으시오. (1 ~ 8)

1
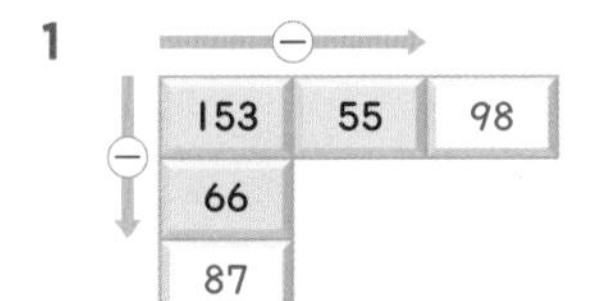

2
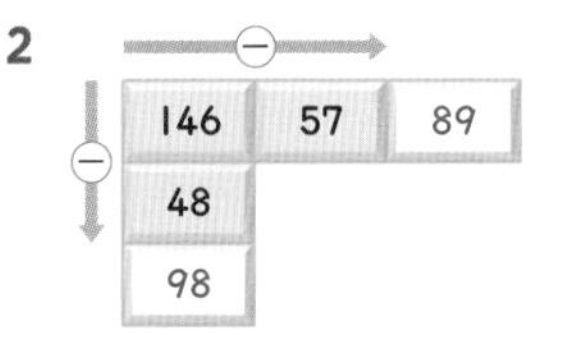

3
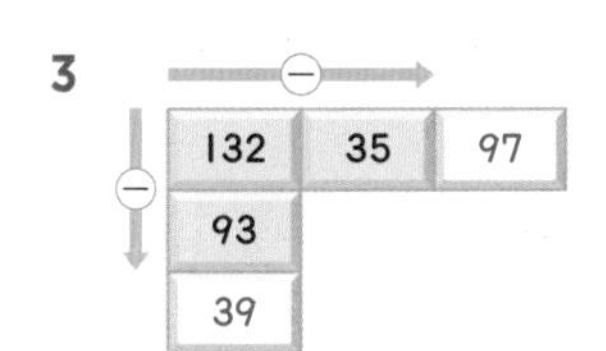

4
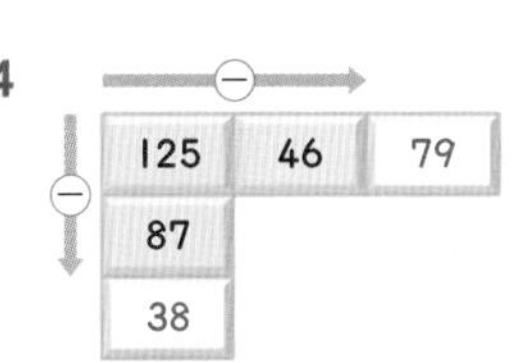

5
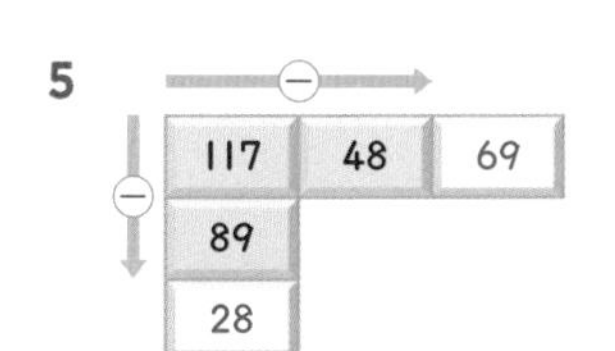

6
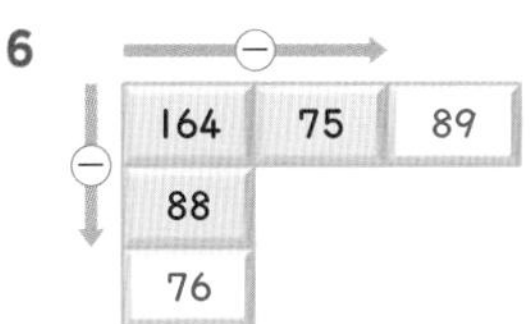

7
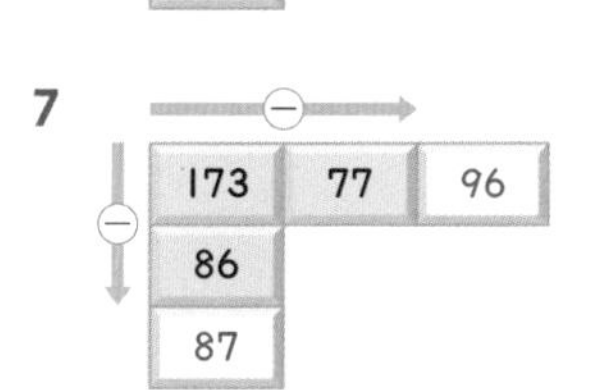

8
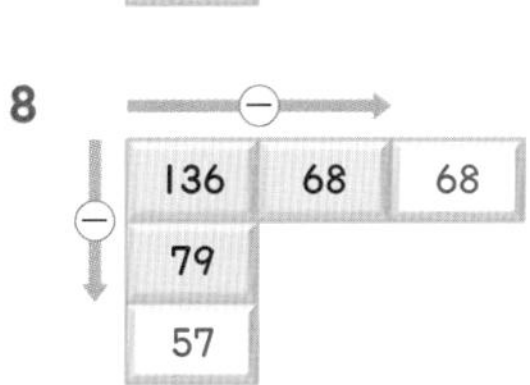

빈 곳에 알맞은 수를 써넣으시오. (9 ~ 16)

9
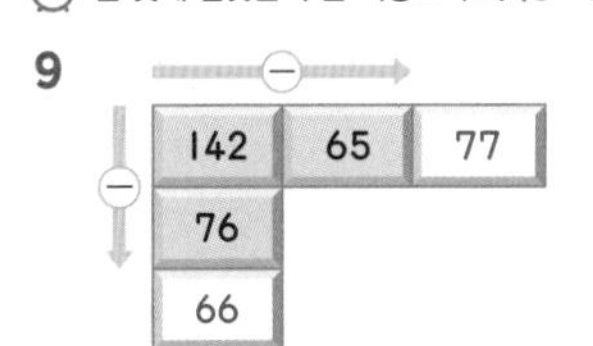

10
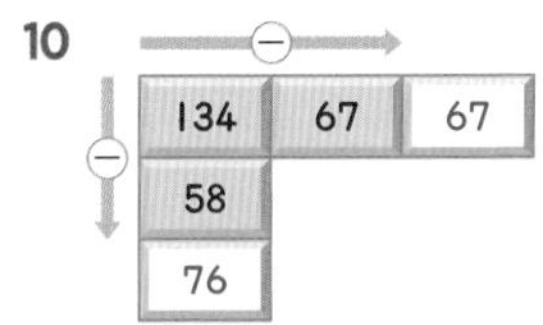

11
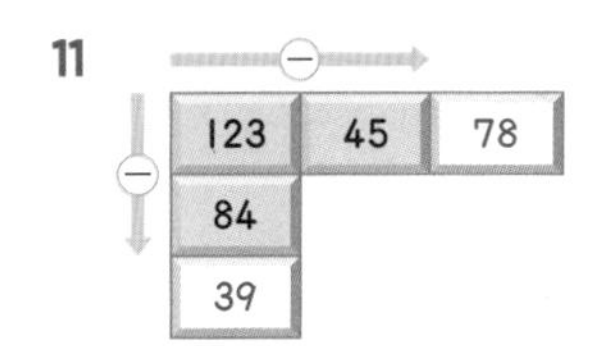

12
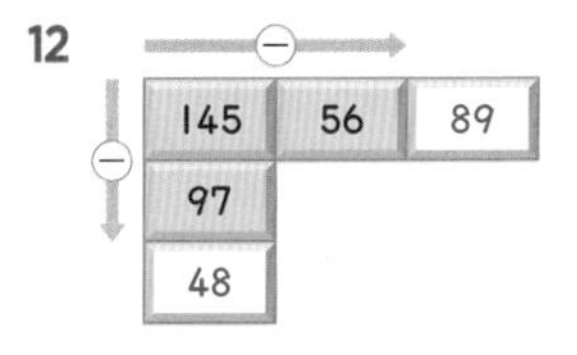

13
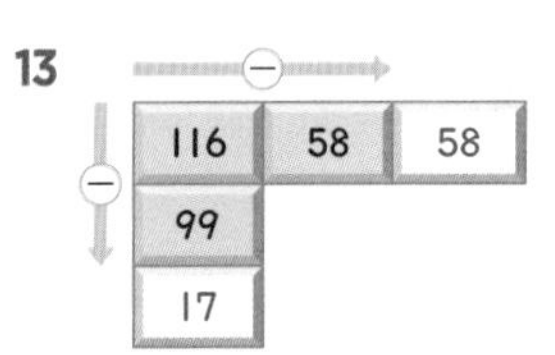

14
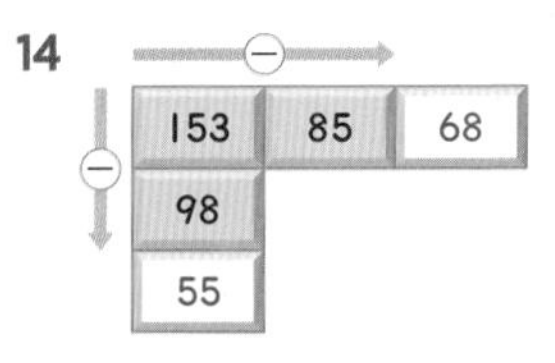

15
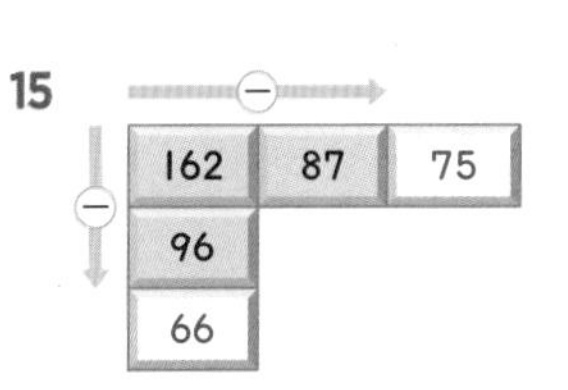

16
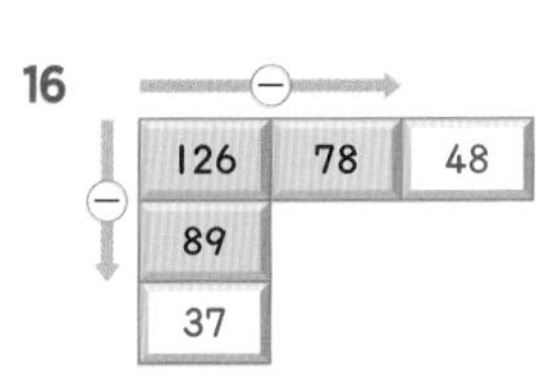

3 받아내림이 두 번 있는 100−(두 자리 수)(1)

🌸 100−43의 계산

(1) 일의 자리 숫자끼리 뺄 수 없으므로 백의 자리에서 받아내림하여 십의 자리에 9, 일의 자리에 10을 작게 쓴 후 계산하여 일의 자리에 씁니다.

(2) 십의 자리 숫자끼리 계산하여 십의 자리에 씁니다.

〈세로셈〉

	9	10
~~1~~	0	0
−	4	3
	5	7

〈가로셈〉

9 10
~~1~~ 0 0 − 4 3 = 5 7

계산은 빠르고 정확하게!

걸린 시간	1~6분	6~9분	9~12분
맞은 개수	22~24개	17~21개	1~16개
평가	참 잘했어요.	잘했어요.	좀더 노력해요.

계산을 하시오. (1~9)

번호	받아내림	빼지는 수	빼는 수	답
1	9 10	~~1~~00	− 24	76
2	9 10	~~1~~00	− 36	64
3	9 10	~~1~~00	− 13	87
4	9 10	~~1~~00	− 27	73
5	9 10	~~1~~00	− 41	59
6	9 10	~~1~~00	− 52	48
7	9 10	~~1~~00	− 45	55
8	9 10	~~1~~00	− 58	42
9	9 10	~~1~~00	− 69	31

계산을 하시오. (10~24)

번호	받아내림	빼지는 수	빼는 수	답
10	9 10	~~1~~00	− 21	79
11	9 10	~~1~~00	− 13	87
12	9 10	~~1~~00	− 32	68
13	9 10	~~1~~00	− 45	55
14	9 10	~~1~~00	− 54	46
15	9 10	~~1~~00	− 65	35
16	9 10	~~1~~00	− 56	44
17	9 10	~~1~~00	− 67	33
18	9 10	~~1~~00	− 76	24
19	9 10	~~1~~00	− 89	11
20	9 10	~~1~~00	− 98	2
21	9 10	~~1~~00	− 71	29
22	9 10	~~1~~00	− 25	75
23	9 10	~~1~~00	− 63	37
24	9 10	~~1~~00	− 94	6

3 받아내림이 두 번 있는 100−(두 자리 수)(2)

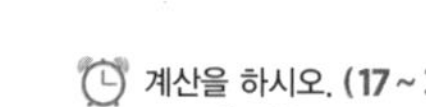

걸린 시간	1~8분	8~12분	12~16분
맞은 개수	29~32개	23~28개	1~22개
평가	참 잘했어요.	잘했어요.	좀더 노력해요.

계산을 하시오. (1~16)

번호	받아내림	계산
1	9 10	~~1~~00 − 31 = 69
2	9 10	~~1~~00 − 42 = 58
3	9 10	~~1~~00 − 53 = 47
4	9 10	~~1~~00 − 64 = 36
5	9 10	~~1~~00 − 75 = 25
6	9 10	~~1~~00 − 86 = 14
7	9 10	~~1~~00 − 27 = 73
8	9 10	~~1~~00 − 18 = 82
9	9 10	~~1~~00 − 92 = 8
10	9 10	~~1~~00 − 83 = 17
11	9 10	~~1~~00 − 74 = 26
12	9 10	~~1~~00 − 65 = 35
13	9 10	~~1~~00 − 56 = 44
14	9 10	~~1~~00 − 47 = 53
15	9 10	~~1~~00 − 38 = 62
16	9 10	~~1~~00 − 29 = 71

계산을 하시오. (17~32)

번호	받아내림	계산
17	9 10	~~1~~00 − 13 = 87
18	9 10	~~1~~00 − 24 = 76
19	9 10	~~1~~00 − 35 = 65
20	9 10	~~1~~00 − 46 = 54
21	9 10	~~1~~00 − 57 = 43
22	9 10	~~1~~00 − 68 = 32
23	9 10	~~1~~00 − 79 = 21
24	9 10	~~1~~00 − 81 = 19
25	9 10	~~1~~00 − 93 = 7
26	9 10	~~1~~00 − 84 = 16
27	9 10	~~1~~00 − 73 = 27
28	9 10	~~1~~00 − 66 = 34
29	9 10	~~1~~00 − 58 = 42
30	9 10	~~1~~00 − 49 = 51
31	9 10	~~1~~00 − 37 = 63
32	9 10	~~1~~00 − 28 = 72

3 받아내림이 두 번 있는 100−(두 자리 수)(3)

계산은 빠르고 정확하게!

걸린 시간	1~8분	8~12분	12~16분
맞은 개수	28~31개	22~27개	1~21개
평가	참 잘했어요.	잘했어요.	좀더 노력해요.

계산을 하시오. (1~15)

1. 100 − 19 = 81
2. 100 − 28 = 72
3. 100 − 37 = 63
4. 100 − 46 = 54
5. 100 − 55 = 45
6. 100 − 64 = 36
7. 100 − 73 = 27
8. 100 − 82 = 18
9. 100 − 91 = 9
10. 100 − 53 = 47
11. 100 − 65 = 35
12. 100 − 74 = 26
13. 100 − 86 = 14
14. 100 − 97 = 3
15. 100 − 39 = 61

계산을 하시오. (16~31)

16. 100−18= 82
17. 100−27= 73
18. 100−36= 64
19. 100−45= 55
20. 100−54= 46
21. 100−63= 37
22. 100−72= 28
23. 100−81= 19
24. 100−52= 48
25. 100−66= 34
26. 100−75= 25
27. 100−83= 17
28. 100−92= 8
29. 100−47= 53
30. 100−38= 62
31. 100−84= 16

3 받아내림이 두 번 있는 100−(두 자리 수)(4)

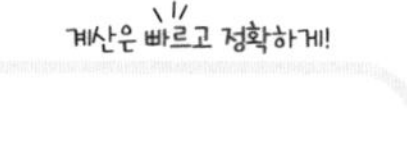

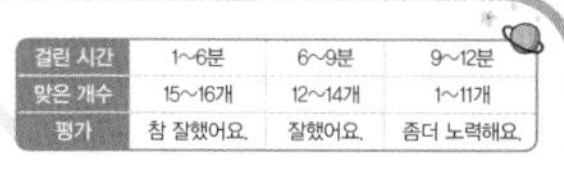

걸린 시간	1~6분	6~9분	9~12분
맞은 개수	15~16개	12~14개	1~11개
평가	참 잘했어요.	잘했어요.	좀더 노력해요.

빈 곳에 알맞은 수를 써넣으시오. (1~8)

1
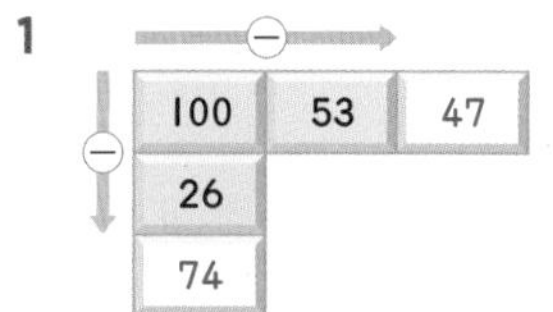

2
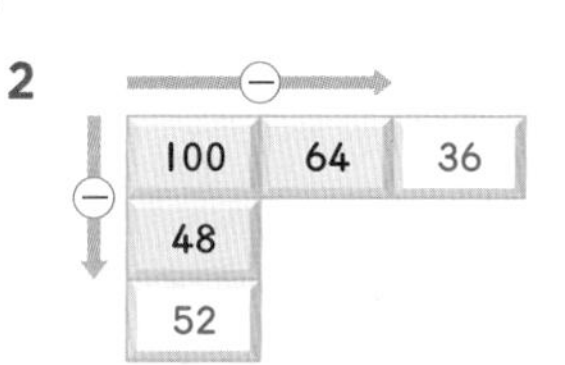

3
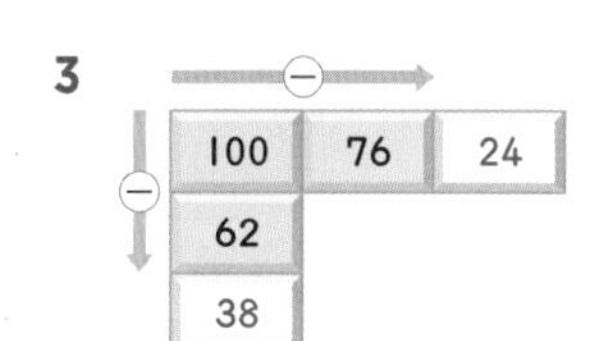

4
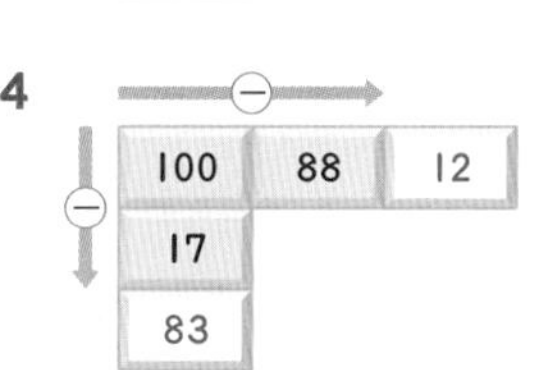

5
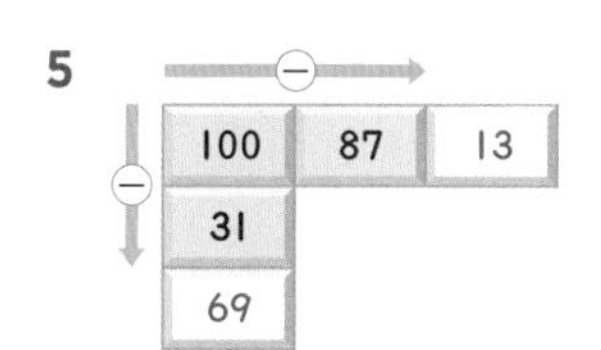

6
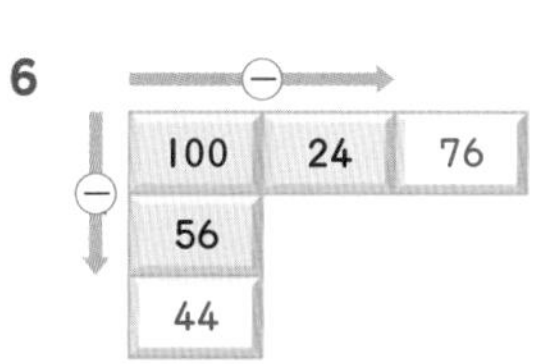

7
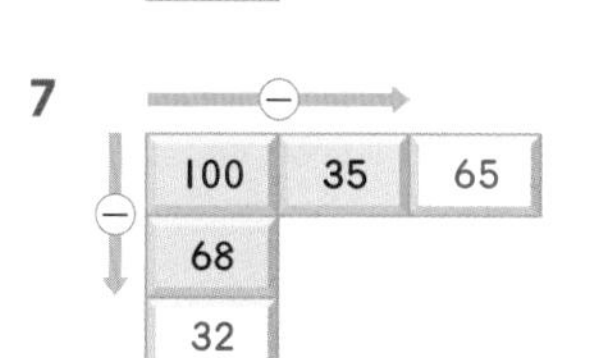

8
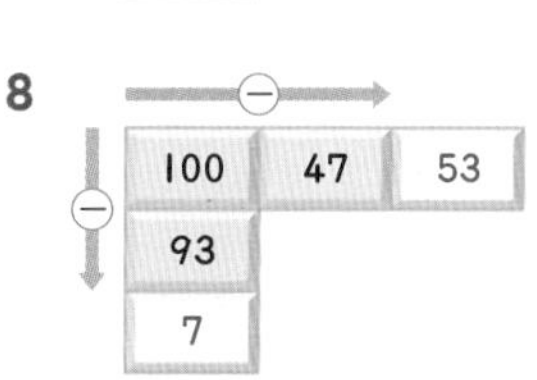

빈 곳에 알맞은 수를 써넣으시오. (9~16)

9
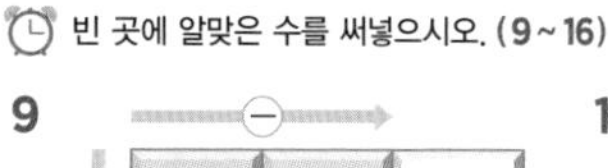
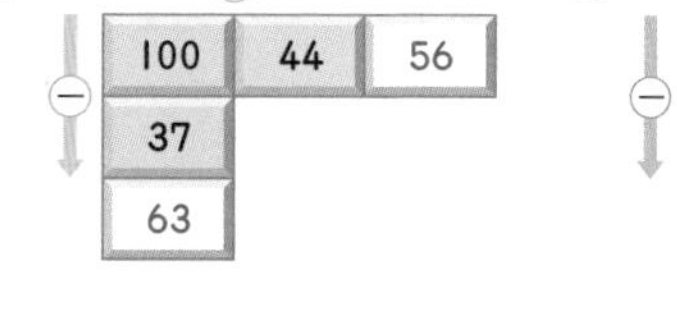

10

100, 73, 27, 59, 41

11
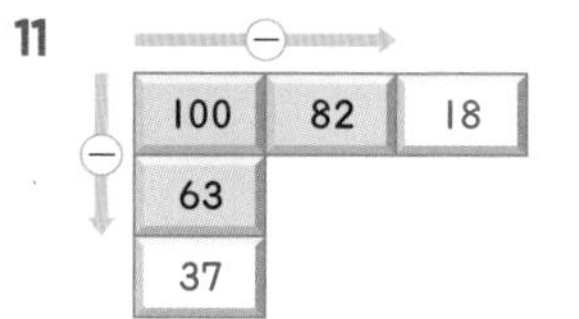

12
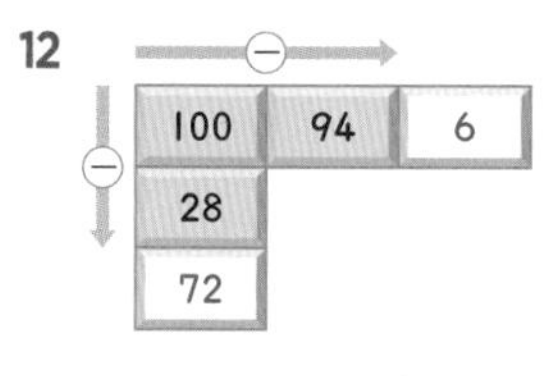

13
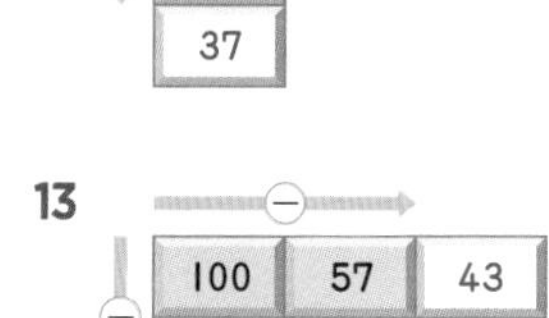
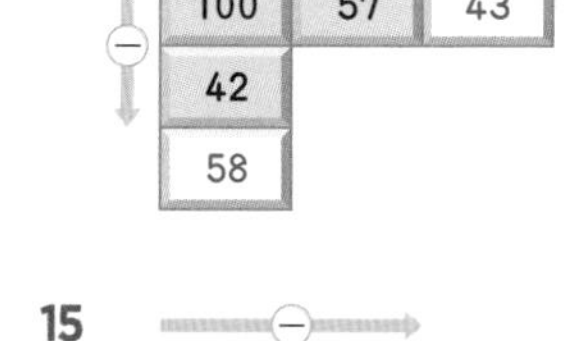

14
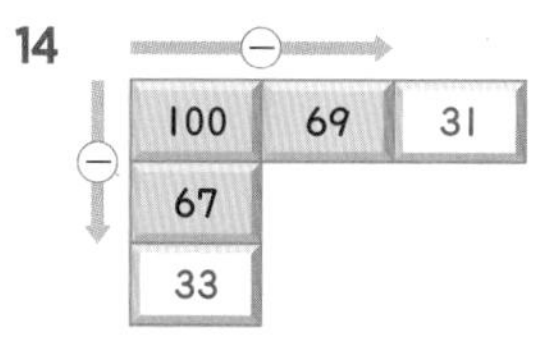

15
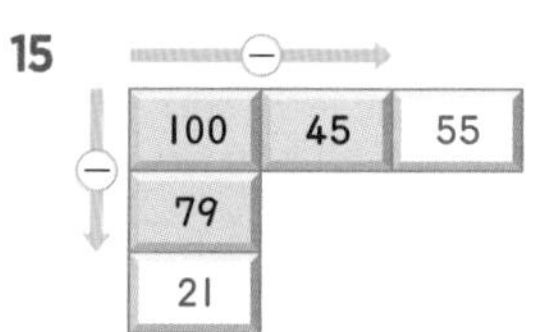

16
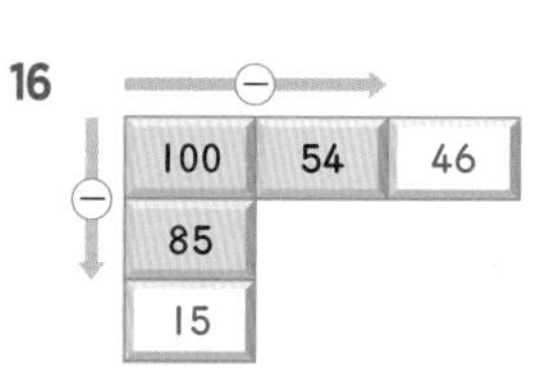

4 신기한 연산

학습 날짜 월 일

계산은 빠르고 정확하게!

걸린 시간	1~12분	12~18분	18~24분
맞은 개수	18~19개	14~17개	1~13개
평가	참 잘했어요.	잘했어요.	좀더 노력해요.

뺄셈식이 성립하도록 □ 안에 알맞은 수를 써넣으시오. (1~15)

1. 124 − 5[9] = [6]5
2. 136 − 7[8] = [5]8
3. 143 − 8[7] = [5]6
4. 100 − [2][4] = 76
5. 100 − [3][5] = 65
6. 100 − [4][6] = 54
7. 1[2]2 − 5[6] = 66
8. 1[1]3 − 4[8] = 65
9. 1[4]4 − 6[9] = 75
10. 15[2] − [7]3 = 79
11. 14[1] − [9]4 = 47
12. 16[3] − [8]5 = 78
13. 1[3]0 − 6[4] = 66
14. 1[5]0 − 7[2] = 78
15. 1[7]0 − 8[1] = 89

주어진 숫자 카드 중 4장을 뽑아 □ 안에 넣어 두 수의 차가 가장 큰 경우와 두 수의 차가 가장 작은 경우를 각각 구하시오. (16~19)

16

	차가 가장 클 때	차가 가장 작을 때
	197 − 10 = 187	101 − 97 = 4

17

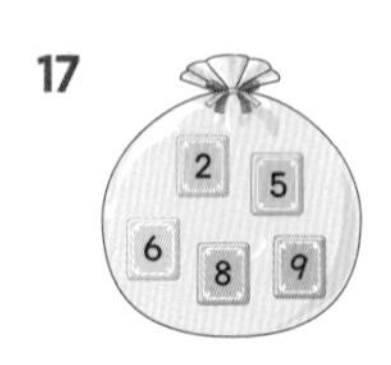

	차가 가장 클 때	차가 가장 작을 때
	198 − 25 = 173	125 − 98 = 27

18

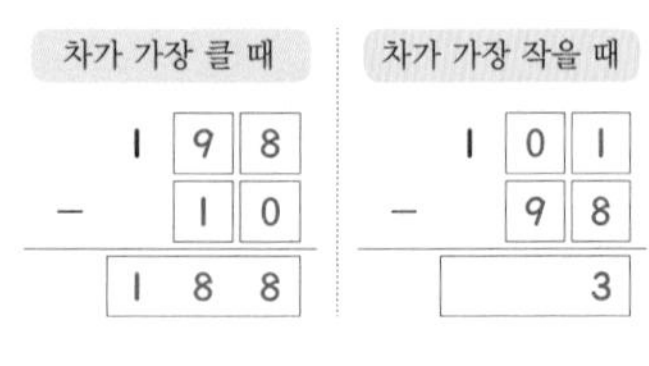

	차가 가장 클 때	차가 가장 작을 때
	198 − 10 = 188	101 − 98 = 3

19

	차가 가장 클 때	차가 가장 작을 때
	198 − 23 = 175	123 − 98 = 25

확인 평가

걸린 시간	1~15분	15~20분	20~25분
맞은 개수	45~50개	35~44개	1~34개
평가	참 잘했어요.	잘했어요.	좀더 노력해요.

계산을 하시오. (1~15)

1. 130 − 47 = 83
2. 150 − 83 = 67
3. 110 − 93 = 17
4. 126 − 57 = 69
5. 115 − 86 = 29
6. 134 − 76 = 58
7. 142 − 55 = 87
8. 153 − 67 = 86
9. 161 − 94 = 67
10. 100 − 26 = 74
11. 100 − 41 = 59
12. 100 − 38 = 62
13. 100 − 15 = 85
14. 100 − 84 = 16
15. 100 − 98 = 2

계산을 하시오. (16~31)

16. 120 − 85 = 35
17. 130 − 44 = 86
18. 140 − 63 = 77
19. 150 − 88 = 62
20. 160 − 61 = 99
21. 170 − 99 = 71
22. 132 − 93 = 39
23. 117 − 89 = 28
24. 125 − 87 = 38
25. 143 − 76 = 67
26. 151 − 72 = 79
27. 164 − 96 = 68
28. 100 − 36 = 64
29. 100 − 85 = 15
30. 100 − 44 = 56
31. 100 − 57 = 43

확인 평가

계산을 하시오. (32 ~ 50)

32 $140 - 86 = \boxed{54}$

33 $150 - 74 = \boxed{76}$

34 $160 - 92 = \boxed{68}$

35 $113 - 59 = \boxed{54}$

36 $134 - 87 = \boxed{47}$

37 $155 - 99 = \boxed{56}$

38 $100 - 33 = \boxed{67}$

39 $100 - 45 = \boxed{55}$

40 $100 - 87 = \boxed{13}$

41 $110-27=\boxed{83}$

42 $130-54=\boxed{76}$

43 $126-87=\boxed{39}$

44 $144-99=\boxed{45}$

45 $100-38=\boxed{62}$

46 $100-61=\boxed{39}$

47 $140-42=\boxed{98}$

48 $150-76=\boxed{74}$

49 $143-66=\boxed{77}$

50 $155-89=\boxed{66}$

크라운 온라인 평가 응시 방법

에듀왕닷컴 접속 www.eduwang.com

메인 상단 메뉴에서 단원평가 클릭

단계 및 단원 선택

온라인 단원평가 실시(30분 동안 평가 실시)

크라운 확인

각 단원평가를 통해 100점을 받으시면 크라운 1개를 드리며, 획득하신 크라운으로 에듀왕 닷컴에서 판매하고 있는 교재 및 서비스를 무료로 구매하실 수 있습니다.

(크라운 1개 – 1000원)

❸ 덧셈과 뺄셈의 관계 P 86~89

1 덧셈식을 보고 뺄셈식 만들기(1)

16+25=41을 뺄셈식으로 만들기

16 | 25 → 41

16+25=41 → 41−16=25, 41−25=16

➡ 하나의 덧셈식을 2개의 뺄셈식으로 나타낼 수 있습니다.

그림을 보고 □ 안에 알맞은 수를 써넣으시오. (1~5)

1. 36 | 27 → 63 : 36+27=63 → 63−36=27, 63−27=36
2. 48 | 46 → 94 : 48+46=94 → 94−48=46, 94−46=48
3. 54 | 18 → 72 : 54+18=72 → 72−54=18, 72−18=54
4. 34 | 48 → 82 : 34+48=82 → 82−34=48, 82−48=34
5. 59 | 35 → 94 : 59+35=94 → 94−59=35, 94−35=59

계산은 빠르고 정확하게!

걸린 시간	1~4분	4~6분	6~8분
맞은 개수	14~15개	11~13개	1~10개
평가	참 잘했어요.	잘했어요.	좀더 노력해요.

덧셈식을 뺄셈식으로 나타내시오. (6~15)

6. 16+15=31 → 31−16=15, 31−15=16
7. 38+24=62 → 62−38=24, 62−24=38
8. 33+18=51 → 51−33=18, 51−18=33
9. 14+36=50 → 50−14=36, 50−36=14
10. 38+29=67 → 67−38=29, 67−29=38
11. 69+28=97 → 97−69=28, 97−28=69
12. 55+26=81 → 81−55=26, 81−26=55
13. 25+47=72 → 72−25=47, 72−47=25
14. 48+33=81 → 81−48=33, 81−33=48
15. 58+28=86 → 86−58=28, 86−28=58

1 덧셈식을 보고 뺄셈식 만들기(2)

세 장의 수 카드를 모두 사용하여 덧셈식을 만들고 뺄셈식 2개로 나타내시오. (1~6)

1. 16, 27, 43 ➡ 16+27=43 → 43−16=27, 43−27=16
2. 24, 62, 38 ➡ 24+38=62 → 62−24=38, 62−38=24
3. 72, 29, 43 ➡ 29+43=72 → 72−29=43, 72−43=29
4. 23, 58, 81 ➡ 58+23=81 → 81−23=58, 81−58=23
5. 47, 75, 28 ➡ 47+28=75 → 75−28=47, 75−47=28
6. 84, 29, 55 ➡ 29+55=84 → 84−55=29, 84−29=55

계산은 빠르고 정확하게!

걸린 시간	1~4분	4~6분	6~8분
맞은 개수	11~12개	8~10개	1~7개
평가	참 잘했어요.	잘했어요.	좀더 노력해요.

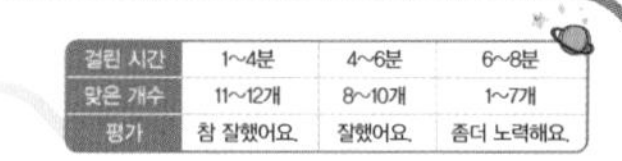

세 장의 수 카드를 모두 사용하여 덧셈식을 만들고 뺄셈식 2개로 나타내시오. (7~12)

7. 43, 78, 121 ➡ 43+78=121 → 121−43=78, 121−78=43
8. 54, 142, 88 ➡ 54+88=142 → 142−54=88, 142−88=54
9. 144, 95, 49 ➡ 95+49=144 → 144−95=49, 144−49=95

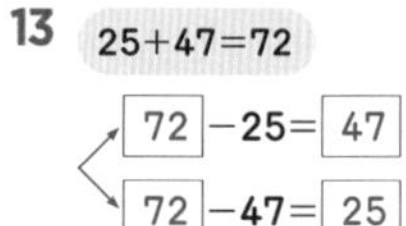

10. 63, 58, 121 ➡ 63+58=121 → 121−63=58, 121−58=63

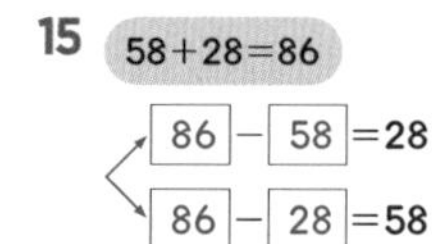

11. 76, 134, 58 ➡ 76+58=134 → 134−76=58, 134−58=76
12. 183, 95, 88 ➡ 95+88=183 → 183−95=88, 183−88=95

2 뺄셈식을 보고 덧셈식 만들기(1)

계산은 빠르고 정확하게!

걸린 시간	1~5분	5~8분	8~10분
맞은 개수	14~15개	11~13개	1~10개
평가	참 잘했어요.	잘했어요.	좀더 노력해요.

63－25＝38을 덧셈식으로 만들기

63－25＝38 → 25＋38＝63, 38＋25＝63

➡ 하나의 뺄셈식을 2개의 덧셈식으로 나타낼 수 있습니다.

그림을 보고 □ 안에 알맞은 수를 써넣으시오. (1~5)

1. 53 (37, 16) 53－16＝37 → 37＋16＝53, 16＋37＝53
2. 63 (38, 25) 63－25＝38 → 38＋25＝63, 25＋38＝63
3. 71 (27, 44) 71－44＝27 → 27＋44＝71, 44＋27＝71
4. 54 (16, 38) 54－38＝16 → 16＋38＝54, 38＋16＝54
5. 52 (28, 24) 52－24＝28 → 28＋24＝52, 24＋28＝52

뺄셈식을 덧셈식으로 나타내시오. (6~15)

6. 44－16＝28 → 28＋16＝44, 16＋28＝44
7. 83－66＝17 → 17＋66＝83, 66＋17＝83
8. 65－18＝47 → 47＋18＝65, 18＋47＝65
9. 54－39＝15 → 15＋39＝54, 39＋15＝54
10. 53－29＝24 → 24＋29＝53, 29＋24＝53
11. 95－28＝67 → 67＋28＝95, 28＋67＝95
12. 72－25＝47 → 47＋25＝72, 25＋47＝72
13. 82－27＝55 → 55＋27＝82, 27＋55＝82
14. 86－19＝67 → 67＋19＝86, 19＋67＝86
15. 77－48＝29 → 29＋48＝77, 48＋29＝77

2 뺄셈식을 보고 덧셈식 만들기(2)

계산은 빠르고 정확하게!

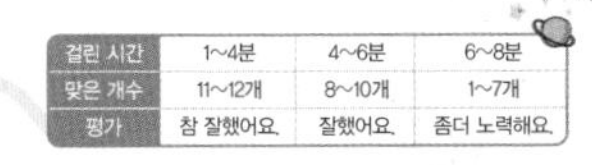

걸린 시간	1~4분	4~6분	6~8분
맞은 개수	11~12개	8~10개	1~7개
평가	참 잘했어요.	잘했어요.	좀더 노력해요.

3장의 수 카드를 사용하여 뺄셈식을 만들고 2개의 덧셈식으로 나타내시오. (1~6)

1. [62] [25] [37] ➡ 62－25＝37 → 37＋25＝62, 25＋37＝62
2. [19] [51] [32] ➡ 51－32＝19 → 19＋32＝51, 32＋19＝51
3. [24] [58] [82] ➡ 82－24＝58 → 58＋24＝82, 24＋58＝82
4. [93] [37] [56] ➡ 93－56＝37 → 37＋56＝93, 56＋37＝93
5. [27] [85] [58] ➡ 85－27＝58 → 27＋58＝85, 58＋27＝85
6. [36] [38] [74] ➡ 74－38＝36 → 38＋36＝74, 36＋38＝74

3장의 수 카드를 사용하여 뺄셈식을 만들고 2개의 덧셈식으로 나타내시오. (7~12)

7. [144] [68] [76] ➡ 144－68＝76 → 68＋76＝144, 76＋68＝144
8. [53] [132] [79] ➡ 132－79＝53 → 79＋53＝132, 53＋79＝132
9. [35] [86] [121] ➡ 121－35＝86 → 86＋35＝121, 35＋86＝121
10. [124] [88] [36] ➡ 124－88＝36 → 36＋88＝124, 88＋36＝124
11. [87] [153] [66] ➡ 153－66＝87 → 66＋87＝153, 87＋66＝153
12. [78] [67] [145] ➡ 145－78＝67 → 78＋67＝145, 67＋78＝145

P 94~97

3 덧셈식에서 ■의 값 구하기(1)

계산은 빠르고 정확하게!

걸린 시간	1~5분	5~8분	8~10분
맞은 개수	15~16개	12~14개	1~11개
평가	참 잘했어요.	잘했어요.	좀더 노력해요.

16+■=41에서 ■의 값 구하기

16 + ■ = 41

41 − 16 = ■ ➡ ■=25

■+13=32에서 ■의 값 구하기

■ + 13 = 32

32 − 13 = ■ ➡ ■=19

• 덧셈과 뺄셈의 관계를 이용하여 덧셈식에서 ■의 값을 구할 수 있습니다.

□ 안에 알맞은 수를 써넣으시오. (1~6)

1 18 + ■ = 46
46 − 18 = ■
➡ ■= 28

2 48 + ■ = 64
64 − 48 = ■
➡ ■= 16

3 26+■=80
➡ 80 − 26 = ■
➡ ■= 54

4 39+■=65
➡ 65 − 39 = ■
➡ ■= 26

5 35+■=62
➡ 62 − 35 = ■
➡ ■= 27

6 29+■=81
➡ 81 − 29 = ■
➡ ■= 52

□ 안에 알맞은 수를 써넣으시오. (7~16)

7 ■ + 19 = 35
35 − 19 = ■
➡ ■= 16

8 ■ + 66 = 85
85 − 66 = ■
➡ ■= 19

9 ■+27=53
➡ 53 − 27 = ■
➡ ■= 26

10 ■+45=62
➡ 62 − 45 = ■
➡ ■= 17

11 ■+23=61
➡ 61 − 23 = ■
➡ ■= 38

12 ■+43=82
➡ 82 − 43 = ■
➡ ■= 39

13 ■+25=72
➡ 72 − 25 = ■
➡ ■= 47

14 ■+33=70
➡ 70 − 33 = ■
➡ ■= 37

15 ■+55=84
➡ 84 − 55 = ■
➡ ■= 29

16 ■+68=95
➡ 95 − 68 = ■
➡ ■= 27

3 덧셈식에서 ■의 값 구하기(2)

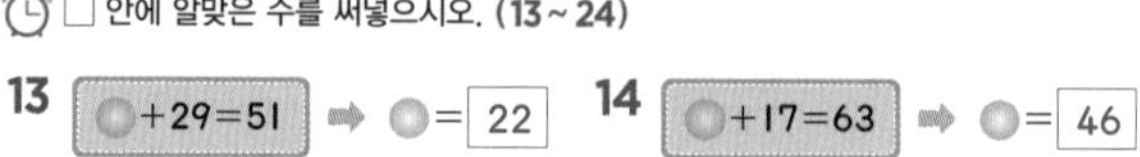

걸린 시간	1~6분	6~9분	9~12분
맞은 개수	22~24개	17~21개	1~16개
평가	참 잘했어요.	잘했어요.	좀더 노력해요.

□ 안에 알맞은 수를 써넣으시오. (1~12)

1 42+■=70 ➡ ■= 28

2 29+■=51 ➡ ■= 22

3 35+■=62 ➡ ■= 27

4 17+■=74 ➡ ■= 57

5 58+■=75 ➡ ■= 17

6 69+■=85 ➡ ■= 16

7 36+■=54 ➡ ■= 18

8 72+■=91 ➡ ■= 19

9 44+■=73 ➡ ■= 29

10 56+■=75 ➡ ■= 19

11 27+■=95 ➡ ■= 68

12 38+■=66 ➡ ■= 28

□ 안에 알맞은 수를 써넣으시오. (13~24)

13 ●+29=51 ➡ ●= 22

14 ●+17=63 ➡ ●= 46

15 ●+47=72 ➡ ●= 25

16 ●+33=51 ➡ ●= 18

17 ●+38=64 ➡ ●= 26

18 ●+56=73 ➡ ●= 17

19 ●+42=80 ➡ ●= 38

20 ●+29=44 ➡ ●= 15

21 ●+65=81 ➡ ●= 16

22 ●+53=92 ➡ ●= 39

23 ●+77=84 ➡ ●= 7

24 ●+68=95 ➡ ●= 27

3 덧셈식에서 ■의 값 구하기 (3)

학습 날짜 월 일

계산은 빠르고 정확하게!

걸린 시간	1~8분	8~12분	12~16분
맞은 개수	29~32개	23~28개	1~22개
평가	참 잘했어요.	잘했어요.	좀더 노력해요.

□ 안에 알맞은 수를 써넣으시오. (1 ~ 16)

1 19+ 32 =51

2 47+ 25 =72

3 68+ 18 =86

4 25+ 59 =84

5 55+ 38 =93

6 71+ 19 =90

7 29+ 13 =42

8 57+ 24 =81

9 79+ 18 =97

10 54+ 28 =82

11 17+ 24 =41

12 39+ 17 =56

13 66+ 26 =92

14 36+ 47 =83

15 58+ 35 =93

16 32+ 29 =61

□ 안에 알맞은 수를 써넣으시오. (17 ~ 32)

17 28 +19=47

18 49 +27=76

19 17 +68=85

20 15 +26=41

21 38 +43=81

22 28 +66=94

23 44 +28=72

24 38 +45=83

25 23 +57=80

26 49 +24=73

27 27 +54=81

28 28 +63=91

29 57 +27=84

30 39 +46=85

31 36 +57=93

32 36 +47=83

4 뺄셈식에서 ■의 값 구하기 (1)

학습 날짜 월 일

계산은 빠르고 정확하게!

걸린 시간	1~5분	5~8분	8~10분
맞은 개수	15~16개	12~14개	1~11개
평가	참 잘했어요.	잘했어요.	좀더 노력해요.

24−■=11에서 ■의 값 구하기

24 − ■ = 11

24 − 11 = ■ ➡ ■=13

■−15=17에서 ■의 값 구하기

■ − 15 = 17

17 + 15 = ■ ➡ ■=32

• 덧셈과 뺄셈의 관계를 이용하여 뺄셈식에서 ■의 값을 구할 수 있습니다.

□ 안에 알맞은 수를 써넣으시오. (1 ~ 6)

1 43 − ■ = 16
43 − 16 = ■
➡ ■= 27

2 56 − ■ = 29
56 − 29 = ■
➡ ■= 27

3 64−■=47
➡ 64 − 47 = ■
➡ ■= 17

4 53−■=25
➡ 53 − 25 = ■
➡ ■= 28

5 84−■=18
➡ 84 − 18 = ■
➡ ■= 66

6 90−■=36
➡ 90 − 36 = ■
➡ ■= 54

□ 안에 알맞은 수를 써넣으시오. (7 ~ 16)

7 ■ − 15 = 48
48 + 15 = ■
➡ ■= 63

8 ■ − 38 = 27
27 + 38 = ■
➡ ■= 65

9 ■−27=45
➡ 45 + 27 = ■
➡ ■= 72

10 ■−63=29
➡ 29 + 63 = ■
➡ ■= 92

11 ■−28=36
➡ 36 + 28 = ■
➡ ■= 64

12 ■−73=18
➡ 18 + 73 = ■
➡ ■= 91

13 ■−59=17
➡ 17 + 59 = ■
➡ ■= 76

14 ■−67=18
➡ 18 + 67 = ■
➡ ■= 85

15 ■−46=39
➡ 39 + 46 = ■
➡ ■= 85

16 ■−35=48
➡ 48 + 35 = ■
➡ ■= 83

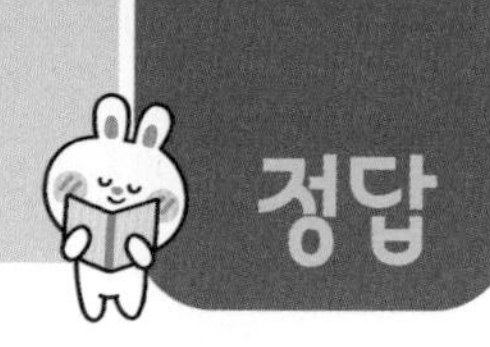

4 뺄셈식에서 ■의 값 구하기 (2)

계산은 빠르고 정확하게!

걸린 시간	1~6분	6~9분	9~12분
맞은 개수	22~24개	17~21개	1~16개
평가	참 잘했어요.	잘했어요.	좀더 노력해요.

□ 안에 알맞은 수를 써넣으시오. (1 ~ 12)

1 33−★=19 ➡ ★=14

2 44−★=28 ➡ ★=16

3 53−★=25 ➡ ★=28

4 62−★=34 ➡ ★=28

5 71−★=52 ➡ ★=19

6 80−★=47 ➡ ★=33

7 74−★=26 ➡ ★=48

8 57−★=39 ➡ ★=18

9 85−★=48 ➡ ★=37

10 71−★=24 ➡ ★=47

11 88−★=39 ➡ ★=49

12 93−★=47 ➡ ★=46

□ 안에 알맞은 수를 써넣으시오. (13 ~ 24)

13 ♥−24=59 ➡ ♥=83

14 ♥−33=28 ➡ ♥=61

15 ♥−45=37 ➡ ♥=82

16 ♥−54=38 ➡ ♥=92

17 ♥−17=45 ➡ ♥=62

18 ♥−28=56 ➡ ♥=84

19 ♥−39=58 ➡ ♥=97

20 ♥−46=27 ➡ ♥=73

21 ♥−45=48 ➡ ♥=93

22 ♥−27=69 ➡ ♥=96

23 ♥−18=57 ➡ ♥=75

24 ♥−29=34 ➡ ♥=63

4 뺄셈식에서 ■의 값 구하기 (3)

계산은 빠르고 정확하게!

걸린 시간	1~8분	8~12분	12~16분
맞은 개수	29~32개	23~28개	1~22개
평가	참 잘했어요.	잘했어요.	좀더 노력해요.

□ 안에 알맞은 수를 써넣으시오. (1 ~ 16)

1 42−17=25

2 63−37=26

3 94−37=57

4 44−26=18

5 67−19=48

6 86−48=38

7 42−13=29

8 71−36=35

9 90−67=23

10 56−19=37

11 74−28=46

12 92−45=47

13 53−25=28

14 76−37=39

15 95−47=48

16 53−19=34

□ 안에 알맞은 수를 써넣으시오. (17 ~ 32)

17 83−24=59

18 80−44=36

19 73−55=18

20 54−17=37

21 75−48=27

22 87−58=29

23 61−23=38

24 86−37=49

25 91−62=29

26 45−19=26

27 85−39=46

28 94−66=28

29 61−26=35

30 83−45=38

31 62−29=33

32 82−57=25

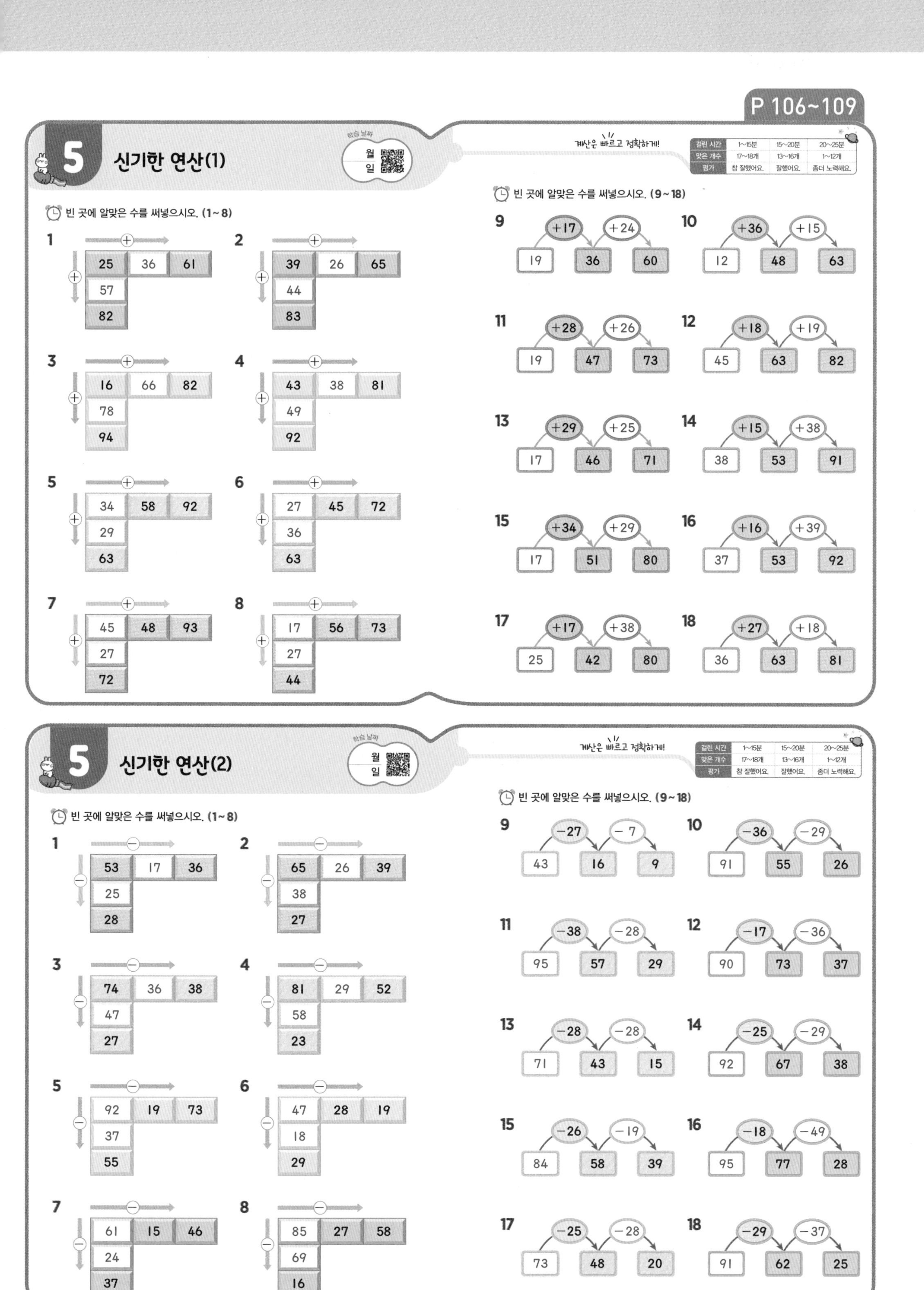

P 106~109

5 신기한 연산(1)

학습 날짜 월 일

계산은 빠르고 정확하게!

걸린 시간	1~15분	15~20분	20~25분
맞은 개수	17~18개	13~16개	1~12개
평가	참 잘했어요.	잘했어요.	좀더 노력해요.

빈 곳에 알맞은 수를 써넣으시오. (1~8)

1 ⊕ 25, 36, 61 / ⊕ 25, 57, 82

2 ⊕ 39, 26, 65 / ⊕ 39, 44, 83

3 ⊕ 16, 66, 82 / ⊕ 16, 78, 94

4 ⊕ 43, 38, 81 / ⊕ 43, 49, 92

5 ⊕ 34, 58, 92 / ⊕ 34, 29, 63

6 ⊕ 27, 45, 72 / ⊕ 27, 36, 63

7 ⊕ 45, 48, 93 / ⊕ 45, 27, 72

8 ⊕ 17, 56, 73 / ⊕ 17, 27, 44

빈 곳에 알맞은 수를 써넣으시오. (9~18)

9 19 (+17) 36 (+24) 60

10 12 (+36) 48 (+15) 63

11 19 (+28) 47 (+26) 73

12 45 (+18) 63 (+19) 82

13 17 (+29) 46 (+25) 71

14 38 (+15) 53 (+38) 91

15 17 (+34) 51 (+29) 80

16 37 (+16) 53 (+39) 92

17 25 (+17) 42 (+38) 80

18 36 (+27) 63 (+18) 81

5 신기한 연산(2)

학습 날짜 월 일

계산은 빠르고 정확하게!

걸린 시간	1~15분	15~20분	20~25분
맞은 개수	17~18개	13~16개	1~12개
평가	참 잘했어요.	잘했어요.	좀더 노력해요.

빈 곳에 알맞은 수를 써넣으시오. (1~8)

1 ⊖ 53, 17, 36 / ⊖ 53, 25, 28

2 ⊖ 65, 26, 39 / ⊖ 65, 38, 27

3 ⊖ 74, 36, 38 / ⊖ 74, 47, 27

4 ⊖ 81, 29, 52 / ⊖ 81, 58, 23

5 ⊖ 92, 19, 73 / ⊖ 92, 37, 55

6 ⊖ 47, 28, 19 / ⊖ 47, 18, 29

7 ⊖ 61, 15, 46 / ⊖ 61, 24, 37

8 ⊖ 85, 27, 58 / ⊖ 85, 69, 16

빈 곳에 알맞은 수를 써넣으시오. (9~18)

9 43 (−27) 16 (−7) 9

10 91 (−36) 55 (−29) 26

11 95 (−38) 57 (−28) 29

12 90 (−17) 73 (−36) 37

13 71 (−28) 43 (−28) 15

14 92 (−25) 67 (−29) 38

15 84 (−26) 58 (−19) 39

16 95 (−18) 77 (−49) 28

17 73 (−25) 48 (−28) 20

18 91 (−29) 62 (−37) 25

정답

확인 평가

걸린 시간	1~16분	16~24분	24~32분
맞은 개수	31~34개	24~30개	1~23개
평가	참 잘했어요.	잘했어요.	좀더 노력해요.

덧셈식은 뺄셈식으로, 뺄셈식은 덧셈식으로 나타내시오. (1~10)

1 23+19=42
42−19=23
42−23=19

2 35+17=52
52−17=35
52−35=17

3 28+34=62
62−34=28
62−28=34

4 26+19=45
45−19=26
45−26=19

5 25+19=44
44−19=25
44−25=19

6 16+38=54
54−38=16
54−16=38

7 45−16=29
29+16=45
16+29=45

8 62−35=27
27+35=62
35+27=62

9 53−28=25
25+28=53
28+25=53

10 67−38=29
29+38=67
38+29=67

□ 안에 알맞은 수를 써넣으시오. (11~22)

11 ★+25=44
➡ 44−25=★
➡ ★=19

12 ★+37=53
➡ 53−37=★
➡ ★=16

13 ★+19=65
➡ 65−19=★
➡ ★=46

14 ★+45=64
➡ 64−45=★
➡ ★=19

15 ★+28=63
➡ 63−28=★
➡ ★=35

16 ★+34=61
➡ 61−34=★
➡ ★=27

17 33+♥=51
➡ 51−33=♥
➡ ♥=18

18 46+♥=72
➡ 72−46=♥
➡ ♥=26

19 27+♥=46
➡ 46−27=♥
➡ ♥=19

20 18+♥=53
➡ 53−18=♥
➡ ♥=35

21 55+♥=83
➡ 83−55=♥
➡ ♥=28

22 69+♥=83
➡ 83−69=♥
➡ ♥=14

확인 평가

□ 안에 알맞은 수를 써넣으시오. (23~34)

23 36−■=19
➡ 36−19=■
➡ ■=17

24 42−■=16
➡ 42−16=■
➡ ■=26

25 63−■=47
➡ 63−47=■
➡ ■=16

26 54−■=27
➡ 54−27=■
➡ ■=27

27 81−■=26
➡ 81−26=■
➡ ■=55

28 80−■=37
➡ 80−37=■
➡ ■=43

29 ●−16=47
➡ 47+16=●
➡ ●=63

30 ●−27=34
➡ 34+27=●
➡ ●=61

31 ●−29=17
➡ 17+29=●
➡ ●=46

32 ●−35=48
➡ 48+35=●
➡ ●=83

33 ●−24=29
➡ 29+24=●
➡ ●=53

34 ●−48=46
➡ 46+48=●
➡ ●=94

신기한
연산왕

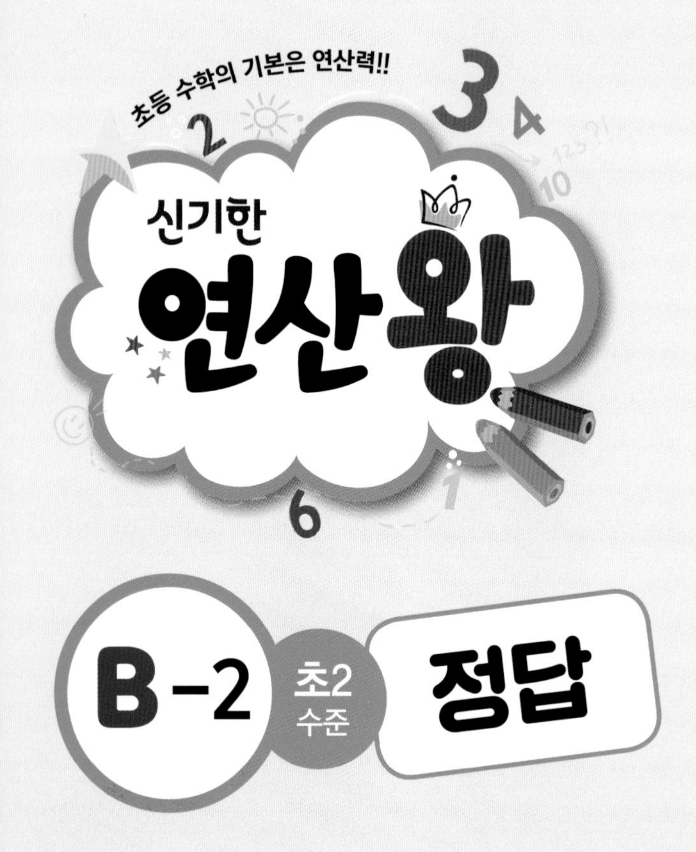

초등 수학의 기본은 연산력!!
신기한
연산왕
B-2
초2 수준
정답

신기한
연산왕

신기한
연산왕